云南高原地区水资源优化配置与利用研究

刘艳菊　著

华中科技大学出版社

中国·武汉

图书在版编目(CIP)数据

云南高原地区水资源优化配置与利用研究/刘艳菊著.—武汉:华中科技大学出版社,2023.11
ISBN 978-7-5772-0180-1

Ⅰ.①云⋯　Ⅱ.①刘⋯　Ⅲ.①水资源管理-资源配置-优化配置-研究-云南　②水资源利用-研究-云南
Ⅳ.①TV213.4

中国国家版本馆 CIP 数据核字(2023)第 210021 号

云南高原地区水资源优化配置与利用研究　　　　　　　　　　　　　　　　刘艳菊　著
Yunnan Gaoyuan Diqu Shuiziyuan Youhua Peizhi yu Liyong Yanjiu

策划编辑:何臻卓　李国钦
责任编辑:陈　骏
封面设计:原色设计
责任校对:程　慧
责任监印:朱　玢
出版发行:华中科技大学出版社(中国·武汉)　　电话:(027)81321913
　　　　　武汉市东湖新技术开发区华工科技园　　邮编:430223
录　　排:华中科技大学惠友文印中心
印　　刷:武汉市洪林印务有限公司
开　　本:787mm×1092mm　1/16
印　　张:9.25
字　　数:233 千字
版　　次:2023 年 11 月第 1 版第 1 次印刷
定　　价:89.00 元

前　言

水资源是事关民生的基础性自然资源和战略性经济资源,是生态环境的重要控制性要素,水利建设对保障和促进经济、社会、环境可持续发展发挥了很大作用。弥勒市位于云南省东南部、红河哈尼族彝族自治州北部,北依昆明市石林县、南接红河州开远市、东邻文山州丘北县、西连玉溪市华宁县。全市国土面积 4004 km^2,多年平均径流量 11.06 亿 m^3,人均水资源量及亩均耕地占有水资源量均低于全国平均水平,属于水资源短缺区域。同时鉴于地形地质条件复杂,水资源时空分布不均,部分地区水资源开发利用相对困难。随着弥勒市城镇化和农业现代化进程的不断推进,弥勒市水利发展呈现部分地区水资源保障能力明显不足、供水矛盾日益突出、水污染风险增强、山洪灾害威胁加大等问题,对经济社会可持续发展的制约作用日益突显。为适应新时期经济社会发展对水资源可持续利用的要求,推动弥勒市水利建设,保障和支撑全市经济社会可持续发展,编制弥勒市水资源综合规划显得尤为重要。

2016 年 6 月,弥勒市人民政府启动规划编制工作,市水务局牵头负责,并委托水利部珠江水利委员会技术咨询中心承担规划编制任务,明确本次规划范围为弥勒市行政辖区范围,规划主要任务是根据社会经济发展需求以及水资源综合利用与保护的任务,分析水利发展布局,提出水资源配置、供水、灌溉、防洪、水资源保护、水资源综合管理等规划方案,构建全市水资源保障体系、防洪减灾体系、水资源保护体系和水利综合管理体系。此规划基准年为 2015 年,规划水平年为 2030 年。

2017 年 6 月,水利部珠江水利委员会技术咨询中心编制完成了《弥勒市水资源综合规划(初稿)》,并征求了水务局各科室意见,根据修改意见对规划报告进一步修改完善,形成了《弥勒市水资源综合规划》的征求意见稿。8 月,弥勒市水务局组织召开会议,征求弥勒市各相关部门及乡镇行政主管意见,会后,水利部珠江水利委员会技术咨询中心根据意见修改完善了规划。

本次规划按照科学发展观的要求,贯彻国家新时期的治水方针与水生态文明建设理念,坚持全面规划、综合治理、因地制宜、突出重点原则,围绕"人水和谐、供水安全、环境友好、资源节约、管理高效"的现代水利发展目标,以加强骨干水源工程、农田水利工程、人畜饮水工程、中小河流治理等民生水利为当务之急,以完善体制机制作为持续动力,统筹协调水资源的治理、开发、利用、保护和管理,在分析水利发展现状及水资源综合评价基础上,规划提出了"西拓、东进、南北联动"的水资源规划布局,以及水资源供给保障、防洪减灾、水资源保护、水资源综合管理等规划方案,并明确了弥阳灌区骨干水库连通工程、龙泉水库、可乐水库等一批重点水源工程在水资源配置中的地位。本规划成果经审查批准后,可指导今后一段时期弥勒市水资源合理配置、开发利用、节约保护、科学管理以及防洪减灾等工作。

规划编制过程中,得到了弥勒市有关部门的大力支持与积极配合,在此,深表感谢!

目　　录

1 基本情况

1.1 自然概况

1.1.1 地理位置

弥勒市位于云南省东南部、红河哈尼族彝族自治州北部,地处东经 103°04′～103°49′、北纬 23°50′～24°39′之间,北依昆明市石林县、南接红河州开远市、东邻文山州丘北县、西连玉溪市华宁县。全市国土面积 4004 km²,南北最大纵距 91.75 km,东西最大横距 78 km。市人民政府驻弥阳镇,是全市政治、经济、文化、交通中心。弥勒市北距省城昆明 132 km,南距州府蒙自 129 km,是"滇中城市经济圈""滇南城市经济圈"及昆河经济带上的重要节点城市。

1.1.2 气候气象

弥勒市地处北回归线附近,属亚热带季风气候区,境内由于海拔悬殊较大,具有南亚热带、中亚热带、北亚热带的气候特点,呈典型生态、气候多样性特征,拥有得天独厚的自然条件。全年雨量充沛,光照充足,干湿季分明;年温差小,冬无严寒,夏无酷暑;全年年均气温 17.3 ℃,日照 2176 小时,无霜期 297 天。

全市降雨量充沛但年内分配不均,根据弥勒气象站资料,多年平均降雨量 988 mm,降雨主要集中在 4～11 月,雨季多年平均降雨量 845 mm,占全年总降雨量的 85.5%,干季多年平均降雨量 143 mm,占多年平均降雨量的 14.5%。1995 年 6 月 1 日出现了 1 小时最大降雨量 47.6 mm,6 小时最大降雨量 52.5 mm,24 小时最大降雨量为 144.7 mm 的情况。多年平均水面蒸发量为 1368.9 mm,多年平均陆面蒸发量为 683.5 mm。

1.1.3 地形地质

弥勒市属滇东南高原的一部分,地形高差大,高原面被强烈剥蚀、分割,形成中山、中低山地形与小型盆地(坝子)相间的地貌类型。境内东西多山,中部低凹,地势北高南低,在群山环抱中,形成一狭长的平坝及丘陵地带,山脉、河流趋向多由北向南。西部石山碎布,间有成林的乔木、灌木;东部山岭表层多为风化土壤,广为草丛、灌木和乔木覆盖;山岭之间有谷地,耕地多散布于谷地和平坝中。境内有东山、西山两条由北向南走向的主要山脉,最高点位于新哨东面的金顶山,海拔约 2315 m,最低点为南盘江出境处的河谷地带,海拔约 862 m,坝区海拔 1100～1500 m。境内地貌复杂,形态多样,根据成因及形态的不同,主要分为构造剥蚀地貌、河流侵蚀地貌、岩溶地貌、构造溶蚀和断陷湖积盆地等四种类型。

弥勒市地层除缺失奥陶系、侏罗系、白垩系等地层外,其他均有出露。古生界:分布于境内西部,下古生界由浅海相碎屑岩和碳酸盐岩组成,上古生界主要为碳酸盐岩。寒武系:岩性主要为含磷白云质粉砂岩及含磷白云岩、泥质粉砂质页岩、砂质白云岩夹页岩、细砂岩和粉砂岩等。志留系：出露于西二区路龙河以西一带，岩性为砂质灰岩夹页岩、泥质页岩夹灰岩、泥灰岩、白云岩、白云岩夹页岩。泥盆系：广布于弥勒城西部、西北部，岩性主要为灰岩夹白云岩、薄层硅质岩与页岩互层、灰岩、白云质灰岩、白云岩和页岩。石炭系：出露于弥勒坝西部和西北部，岩性为白云岩、灰岩、石英砂岩、粉砂岩夹页岩、玄武岩。新生界：分布较为广泛，主要为弥勒—虹溪、大雨补、竹朋盆地等。第三系：以山间盆地陆屑沉积为主，上第三系在弥勒、竹朋盆地及大雨补一带为山间湖积相沉积，据钻孔揭露，沉积厚度大于 500 m。第四系：沉积物主要有河流、湖泊、山麓、洞穴等堆积，大面积分布在弥勒、竹朋、虹溪盆地，在河流两岸河漫滩、阶地堆积层，盆地周边的冲洪积扇以及山间凹地、斜坡地带的残坡积层等地均有分布。

1.1.4 河流水系

弥勒市境内河流属珠江流域西江水系，主要河流有南盘江、甸溪河，以及南盘江支流大可河、野则冲河等，甸溪河支流白马河、花口河、里方河等。

甸溪河为南盘江一级支流，发源于师宗县雄壁镇西洋山一带，自发源地起先后经过师宗县雄壁镇和葵山镇后进入泸西县境，经旧城镇至金马镇，该段称为金马河，于金马镇太平村纳入桃源河后称为禹门河，禹门河经过午街铺镇后进入弥勒市境内，在弥阳镇弥东村附近继续纳入与之同向而来的白马河、花口河后，由北向南蜿蜒流经弥阳镇、新哨镇、竹园镇、朋普镇，沿途纳入两岸众多支流后，于朋普镇东南腻落江村附近注入南盘江。甸溪河全长 196 km，径流面积 3524 km²，在弥勒境内河长 133.5 km，径流面积 2186.3 km²，多年平均径流量 8.07 亿 m³。甸溪河两岸土地肥沃，气候温和，雨量适中，是全县粮食和经济作物的主产区。甸溪河径流面积 100 km² 以上的主要支流有白马河、花口河、里方河、林就河、矣厦河沟等。弥勒市水系分布见附图 1。

白马河位于弥勒市东北部，发源于陆良县老黑山山麓，由北向南流经陆良召夸及泸西、路南县，上游称普拉河，入弥勒后称白马河，经瓦草等地，于三道桥上游与禹门河交汇，整个流域面积 445 km²。河流全长 73.6 km，境内河道长 17.2 km，河谷狭窄，多呈"V"形，河床宽 10 m 左右。

花口河位于弥勒市北部，河道于西三区的花口龙潭流经禄丰寨，于弥勒城东绿崖庙旁汇入甸溪河。自花口龙潭算起长 13 km，总河长 18.4 km，境内径流面积 177 km²。

里方河为甸溪河右岸一级支流，发源于弥勒市西一镇租舍村山麓，由北向南流经新哨镇路体、红石岩、郎才村后，在大河边村附近汇入甸溪河，河流全长 21.6 km，径流面积 206 km²。

南盘江在弥勒市境内西部，由北向南再转向北东流出，全长 250 km，径流面积 1760 km²，南盘江干流江边街水文站控制断面的多年平均流量为 180 m³/s。

大可河是南盘江支流巴江左岸支流，发源于弥勒市西二镇的舍莫、关上附近，向北流经石林彝族自治县大可乡，后汇入巴江，全长 48.8 km，流域面积 230 km²。

野则冲河发源于弥勒市巡检司镇宣武乡小庄科附近一带，先由北向南流，再转西南方向汇入南盘江，境内河流全长 20 km，流域面积 128 km²。

1.1.5 土壤植被

弥勒市土壤分为:砖红壤、红壤、石灰(岩)土、紫色土、水稻土等五个土类。其中前四种土类属旱地土壤,含9个亚类,19个土属,37个土种,面积为2980.98 km²。红壤是弥勒市重要的农业土壤资源,根据母岩和母质不同,分为石灰岩棕红壤、砂页岩棕红壤、砂岩黄红壤、石灰岩黄红壤、石灰岩红壤、玄武岩红壤、侵蚀红壤和老冲积红壤等8个土属20个土种。

弥勒市现有林地面积309.618万亩,由于历史原因,境内原始森林大都已遭破坏,现存的已为数不多。森林植被中以乔木、灌木最为常见,裸子植物有6科21种,被子植物有51科218种。裸子植物中,松科中的云南松(青松)最多,华山松次之。其他裸子植物有云南油杉(杉松)、思茅松、罗汉松、杉木、园柏、扁柏、刺柏、柏木、苏铁、银杏(白果)等。云南松和华山松是境内蓄积量最大、用途广泛的植物。被子植物有香樟、云南樟(臭樟)、木姜子、麻栎、青岗、核桃、梨、苹果等数百种。桉类、喜树、银华、女贞、万年青是绿化林中数量最多的树种,椿树、樟木、攀枝花、桑木是境内制作家具的珍贵树种。果木和竹类为农户大量栽种的经济林木。在乔木和灌木下,分布有各种草本植物、食用菌类、苔藓及蕨类植物。

区域植被发育良好,植被生长环境条件优越,植被覆盖率较高,达到了70%以上,这里的植被以灌木为主,针叶林次之。针叶林主要包括云南松、华山松、杉木等。

1.1.6 自然资源

1. 水力资源

弥勒市水资源总量11.06亿 m³,水能资源主要蕴藏于甸溪河及其支流,水能蕴藏量54.5万千瓦,可开发利用量42.2万千瓦,可开发利用率为77.3%。水能资源开发基本上已经完成。

2. 矿产资源

弥勒市境内矿藏储量丰富,主要包括烟煤、褐煤、铁矿、石膏等,还拥有铜、铅锌、铝土、锰、硫黄、雄黄、硝等矿产资源,主要分布于弥阳、竹园、西一、西二、西三、巡检司、虹溪等地。其中,烟煤储量较大,面积53.5 km²,储量1.32亿吨;气肥煤储量987万吨;褐煤面积约70 km²,储量8.82亿吨,可供露天开采的有1.21亿吨。

3. 动植物资源

弥勒市动植物资源丰富。森林植物种类如下。①乔木、灌木:以云南松、华山松为主的裸子植物有6科21种,以香樟、云南樟为主的被子植物有51科218种。②黄背草、扭黄茅等草本植物。③木耳、鸡枞、香菌等食用菌类。④苔藓、蕨类植物。区域内无国家级、省级重点保护植物、珍稀濒危植物、名木古树和狭域物种分布,森林覆盖率为43.9%。

野生动物种类如下。①野禽。有猫头鹰、啄木鸟、燕、云雀、野鸡等。②爬行动物。有穿山甲、四脚蛇、青蛇等。③哺乳动物。有野猪、野猫、松鼠、竹鼠等。④昆虫类。有螳螂、七星瓢虫、葫芦蜂、蚜虫、黏虫、蝗虫、星天牛等。

水生生物结构完整,水生植物、浮游生物、鱼类、两栖类等生物种类丰富多样。据鱼类资源调查,境内鱼类隶属5个目、11个科、9个亚科、35属40种,其中鲤形目鲤科鱼类最多,无国家级或省级保护鱼类。

4.旅游资源

弥勒市拥有丰富的旅游资源,是云南省著名的"烤烟之乡""甘蔗之乡""葡萄之乡""歌舞之乡"。境内名胜古迹弥勒寺历史悠久。1999 年,弥勒寺被命名为锦屏山风景区,游客甚众;白龙洞风景区规模宏大,颇为壮观,被誉为"南滇一绝";大树龙潭避暑山庄距弥阳镇 3 km,集旅游、休闲、度假为一体。梅花温泉的水温 29～54 ℃,流量 0.05 m³/s,属低矿化碳酸温泉。

1.2 社会经济

1.2.1 人口及行政区

弥勒市辖弥阳镇、新哨镇、竹园镇、朋普镇、虹溪镇、巡检司镇、西一镇、西二镇、西三镇、东山镇、五山乡、江边乡(10 镇 2 乡),7 个社区、129 个村,市政府驻地弥阳镇。2015 年,全市人口总数为 53.78 万人,其中城镇人口 22.36 万人,农村人口 31.42 万人,城镇化率为 41.6%。弥勒市居住着汉族、彝族、傣族、苗族、回族、壮族等 21 个民族,其中以汉、壮两个民族的人口居多。

1.2.2 工农业发展

2015 年,弥勒市实现地区生产总值 265.77 亿元,比上年增长 9.0%,其中:第一产业增加值 27.05 亿元,同比增长 6.3%;第二产业增加值 174.65 亿元,同比增长 8.2%;第三产业增加值 64.08 亿元,同比增长 14.2%。三次产业结构比例为 10:66:24。人均地区生产总值 49418 元,比上年增长 8.8%。全年完成固定资产投资 214.3 亿元,同比增长 37.1%;财政收入 24.1 亿元,比上年增收 2.3 亿元,同比增长 10.6%;社会消费品零售总额 35.6 亿元,同比增长 12.0%;农民人均纯收入 10991 元,同比增长 21.2%;城镇居民人均可支配收入 27101 元,同比增长 9.3%。

弥勒市形成了以卷烟、生物产业、食品制造业、印刷、包装与装潢、有色金属、建材、煤炭工业等为主的工业产业结构。2015 年,全市规模以上工业总产值完成 247.34 亿元,比上年增长 11.15%,其中轻工业完成 189.86 亿元,重工业完成 57.48 亿元。工业园区规划和产业布局由"一园两区"调整为"一园三区",园区承载能力进一步增强。

2015 年,全市实现农林牧渔业总产值 47.18 亿元,比上年增长 6.2%。有效灌溉面积 31.61 万亩,其中水田 9.54 万亩、旱地 22.06 万亩,有效灌溉率达 20.3%。弥勒市 2015 年主要经济社会指标见表 1-1。

表 1-1 弥勒市 2015 年主要经济社会指标表

行政分区	人口/(万人)			工业增加值/(亿元)	有效灌溉面积/(万亩)		
	小计	城镇	农村		水田	旱地	小计
弥阳镇	14.68	10.65	4.03	131.66	1.51	3.72	5.23
新哨镇	5.80	1.55	4.25	7.69	1.94	2.11	4.05
虹溪镇	4.69	1.09	3.60	1.14	0.63	1.96	2.58

行政分区	人口/(万人)			工业增加值/(亿元)	有效灌溉面积/(万亩)		
	小计	城镇	农村		水田	旱地	小计
竹园镇	5.85	3.15	2.70	9.61	1.82	3.85	5.67
朋普镇	4.98	3.29	1.70	1.24	1.58	5.07	6.65
巡检司镇	3.10	0.64	2.46	6.24	1.05	1.92	2.97
西一镇	2.70	0.33	2.37	0.48	0.36	0.38	0.73
西二镇	4.15	0.59	3.56	0.58	0.25	1.38	1.63
西三镇	2.40	0.28	2.12	0.85	0.11	0.42	0.53
五山乡	2.12	0.32	1.80	0.43	0.13	0.43	0.56
东山镇	1.84	0.17	1.67	1.01	0.11	0.20	0.31
江边乡	1.46	0.31	1.15	0.03	0.08	0.62	0.69
合计	53.77	22.37	31.41	160.96	9.57	22.06	31.60

1.2.3 水旱灾害

冬春多干旱,夏秋多洪涝是弥勒市的气候和灾害特点。根据历史记载,弥勒市境内水旱灾害频繁,主要是旱灾、水灾、霜冻和冰雹等灾害,多在5～7月发生,严重时部分大春作物绝收。近期由于经济的快速发展,生态平衡遭到破坏,全球气候变暖,异常气候频现,尤其是2009—2010年西南五省发生了百年不遇的旱灾,受灾面积大,范围广,弥勒市正处于重灾区内。

1. 旱灾

1987年,全县遭遇100年一遇的旱灾,全年降雨量仅621.9mm,15.99万亩农作物受灾,其中干枯2.38万亩,造成7.3万人、4.0万头大牲畜饮水困难。

1992年,全县遭遇100年一遇的旱灾,全年降雨量仅586.6mm,旱灾面积37.2万亩,因旱灾造成5.55万人、2.60万头大牲畜饮水困难。

2006年,县境内遭遇春旱,小(一)型水库干涸1座,小(二)型水库干涸11座,小坝塘干涸96座。受旱面积7.35万亩,因旱灾造成4.32万人、2.67万头大牲畜饮水困难。

2009年,全县因旱灾造成9.63万人、5.34万头大牲畜饮水困难,6座小(二)型水库、27座坝塘、2009个水窖干涸。

2010年,全县遭遇100年一遇的秋冬春连旱,小(一)型水库干涸4座,小(二)型水库干涸50座,坝塘、池塘干涸497座,家庭水窖和地边水窖干涸24920个,花口河、禹门河断流,花口龙潭干涸,全县农作物受灾面积55.08万亩,因旱灾造成20.48万人、11.68万头大牲畜饮水困难。

2. 洪灾

1998年,县境内发生夏季洪灾。8月12日尤家寨水文站水位超历史最高水位0.5m,全县4.90万人受灾,倒塌房屋4间,压死4人,造成直接经济损失1857万元。

1999年10月11日,境内连降暴雨,时间持续4小时30分,降雨量达130mm,全县大范围洪涝,农作物受损 69 万亩,成灾 33 万亩,绝收 3.15 万亩。

2000 年,全县 14 个乡镇在汛期遭受不同程度洪涝灾害,受灾人口 1.21 万人,倒塌房屋 28 间,受灾面积 4.54 万亩,造成直接经济损失 1050 万元。

2006 年,全县 10 个乡镇 10039 人受灾,倒塌房屋 7 间,农作物受灾 16635 亩,减收粮食 300 吨,沟堤损坏 4 处,坝塘受损 2 座,共造成直接经济损失 802 万元。

2 水资源调查评价及开发利用情况

2.1 水资源分区

根据《全国水资源综合规划》以及《云南省水资源综合规划》的分区成果,弥勒市处于珠江水资源一级区中的南北盘江二级区、甸溪河和南盘江下段干流两个水资源四级区。根据弥勒市境内河流水系分布情况及实际工作需要,本次规划在参考云南省水资源分区成果的基础上,将弥勒市划分为4个水资源五级区,分别为甸溪河中下段、小江河、南盘江干流中段和南盘江干流下段,其中甸溪河中下段水资源五级区属于甸溪河四级区,其余三个分区属于南盘江下段干流水资源四级区。弥勒市水资源分区情况见表 2-1。

表 2-1 弥勒市水资源分区情况表

水资源一级区	水资源二级区	水资源三级区	水资源四级区	水资源五级区	分区计算面积/km²
珠江	南北盘江	南盘江	甸溪河	甸溪河中下段	2186.3
			南盘江下段干流	小江河	142.53
				南盘江干流中段	1036.38
				南盘江干流下段	589.87
合计					3955.08

2.2 水资源数量

2.2.1 降水

1. 降水量(又称降雨量)

弥勒市地处北回归线附近,属于亚热带季风气候区,呈典型生态、气候多样性特征,拥有得天独厚的自然条件,雨量充沛,光照充足,冬无严寒,夏无酷暑。根据收集到的弥勒市 11 个站点的 1980—2015 年雨量资料,经分析计算得出全市多年平均降雨量 876.6 mm,变差系数 C_v 为 0.15。

2. 降雨量时空分布

根据弥勒气象站、尤家寨水文站和江边街水文站的长系列资料分析弥勒市的年内分配过程发现弥勒市的降雨量年内分配极为不均,存在明显的多雨期和少雨期。多雨期大多集中在 5~10 月(汛期),降雨量占全年总降水量的 80% 以上,少雨期一般集中在 11 月~次年 4 月(枯季),降雨量占全年的 15.0%~17.0%。从多雨期四个月降水占全年降水量的百分比来看,变化范围为 65.6%～66.9%。三个站点多年平均降水量月分配过程见图 2-1。从图 2-1 看出,弥勒市大部分站点多年平均降雨量主要集中在 5～10 月,降雨量的年内分配极为不均,直接造成水资源的分配不均。春季和夏初降雨量常常不能满足作物需水要求,春夏连旱较严重,甚至出现冬春夏三季连旱,严重影响农业生产。

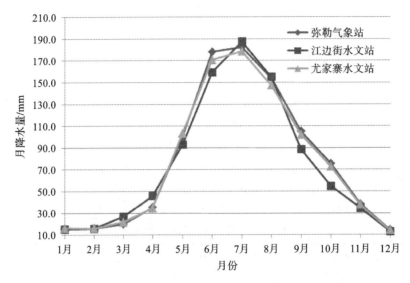

图 2-1　弥勒市代表站点多年平均降水量月分配过程

弥勒市年降雨量的年际变化比较小。经计算,丰水年($P=25\%$)的降水量为 961 mm,平水年($P=50\%$)的降水量为 784 mm,枯水年($P=90\%$)的降水量为 712 mm。从选用的三个长系列代表站的降水资料看,各站年最大降水量与年最小降水量的比值最大仅为 2.42,可见弥勒市大部分雨量站降水量的年际变化不大。

从降水的空间分布上看,由于地理位置特殊,弥勒市立体气候特征比较明显,降雨量随海拔变化特征明显,海拔越高,降雨量越大,降雨高值区多出现在水汽来源大的迎风坡和高山区。弥勒市的多年平均降雨等值线图大致呈东北西南走向,且在东南部和东北部出现降雨高值区。

2.2.2　蒸发

1. 蒸发能力及时空分布

蒸发能力是指充分供水条件下的陆面蒸发量,水面蒸发是反映当地蒸发能力的指标,它主要受气压、气温、湿度、风、辐射等气象因素的综合影响,近似用 E_{601} 型蒸发器观测的水面蒸发量表示。

本次规划仅收集到弥勒气象站一个站点的历年逐月蒸发资料,实测站点资料比较欠缺,因此本次规划主要根据弥勒气象站的实测统计资料,并结合云南省 1980—2000 年多年平均水面蒸发量等值线图对弥勒市的蒸发能力进行评价。根据云南省 1980—2000 年多年平均水面蒸发量等值线图,采用软件计算弥勒市多年平均水面蒸发量,经计算得出弥勒市多年平均水面蒸发量为 1195 mm,月均蒸发量为 99.6 mm。

根据弥勒气象站历年逐月蒸发实测资料(已全部换算为 E_{601} 型蒸发器观测的蒸发值),连续最大 4 个月蒸发量集中在 3～6 月,占全年平均总蒸发量的 48.2%。从逐月蒸发量来看,4 月的蒸发量最大,占全年的 14.1%,12 月的蒸发量最小,仅占全年的 4.9%。从季节分配来看,春季干燥、风速大,蒸发量大,秋冬季节气温低,蒸发量小;各季节蒸发量占全年总蒸发量的比例为:春季为 39.5%,夏季为 23.9%,秋季为 18.1%,冬季为 18.5%。弥勒气象站多年平均水面蒸发量年分配过程,见图 2-2。弥勒气象站的年均蒸发量的年际变化很小,变差系数仅为 0.12 左右,年际变化水面蒸发量有逐渐减小的趋势,详见图 2-3。

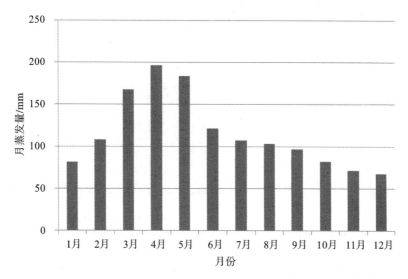

图 2-2　弥勒气象站多年平均水面蒸发量年分配过程

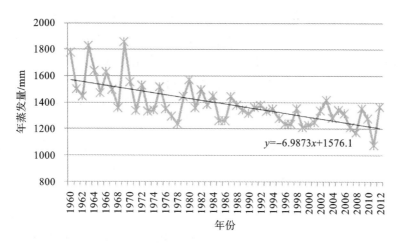

图 2-3　弥勒气象站水面蒸发逐年过程线

根据云南省 1980—2000 年多年平均水面蒸发量等值线图,可以看到弥勒市的蒸发等值线呈马鞍状从北到南逐渐增加;在同一地带上,蒸发量随着高程的增加而递减,但总体变化不大。

2. 干旱指数及时空分布

根据收集到的弥勒气象站的降雨量和水面蒸发量资料,统计分析后得知,弥勒市的多年平均干旱指数达到了 1.48,但月干旱指数年内分布不均,在 0.59～8.46 范围内变动,3 月干旱指数最大,达到了 8.46,7 月最小,仅为 0.59。降雨集中在 6～9 月,月干旱指数在 0.59～

0.92 范围内变动,属于湿润时期;降雨很少的月份为 12 月～次年 4 月,月干旱指数在 4.60 ～8.46 范围内变动,属于干旱时期。

弥勒市的干旱指数的年际变化相对比较大,变差系数为 0.2 左右;年干旱指数最大值与年干旱指数最小值的比值为 2.42。

根据云南省 1980—2000 年多年平均干旱指数等值线图得知,弥勒市的干旱指数呈从北到南逐渐增加的趋势,北部的干旱指数在 1.0～1.5 范围之间变动,南部的干旱指数在 1.5～2.0 范围之间变动。

2.2.3 水资源量

1.资料选用及计算方法

本次共收集到弥勒市境内三个水文站的逐年径流量资料,分别为江边街水文站、大雨补水文站和尤家寨水文站,三个水文站的实测径流资料均由国家相关水文部门观测、整理、分析和汇编而成,资料可靠。

江边街水文站位于弥勒市县界南盘江干流上,集雨面积 25116 km²,集雨面积太大,本次该站仅作为参考站。

大雨补水文站位于弥勒市北部甸溪河一级支流白马河上,集雨面积 648.4 km²,具有 1953 年 6 月至 1955 年径流资料和 1970 年 6 月至 1995 年径流资料。

尤家寨水文站位于弥勒市境内甸溪河的中游,集雨面积为 1856 km²,具有 1963 年至今的年径流观测资料。

本次规划直接采用审查通过的《云南省弥勒市洗洒水库扩建工程可行性研究报告》中插补后的大雨补水文站 1953—2013 年年径流资料系列和还原后的尤家寨水文站的 1956—2013 年年径流资料系列。通过代表性分析得知,尤家寨水文站和大雨补水文站 1956—2000 年资料系列的年径流特征值分别与相应站点长系列的年径流特征值相差不大,且整个系列的年径流基本上在均值附近上下摆动,所以认为两个站点的 1956—2000 年的径流系列仍具有很好的代表性,因此本次评价主要参考云南省水资源综合规划水资源调查评价专题报告中的相关成果,同时根据还原后的尤家寨水文站的径流资料分析该市水资源量的年内和年际变化规律。

2.水资源数量

根据云南省水资源综合规划水资源调查评价专题报告,弥勒市的多年平均水资源总量 11.06 亿 m³,其中地表水资源量 11.06 亿 m³,地下水资源量 3.52 亿 m³,地表水与地下水重复计算量为 3.52 亿 m³。全市多年平均地表水资源量折合径流深为 280 mm;丰水年($P=$ 20％)地表水资源量为 14.0 亿 m³,平水年($P=$50％)地表水资源量为 10.6 亿 m³,偏枯年($P=$75％)地表水资源量为 8.34 亿 m³,特枯年($P=$95％)地表水资源量为 5.68 亿 m³。

4 个水资源五级区中,甸溪河中下段水资源五级区的多年平均水资源量最大,为 52535 万 m³,主要是因为该分区的面积最大,折合径流深 240 mm;其次为南盘江干流中段,多年平均水资源为 33994 万 m³,折合径流深 328 mm;最少的是小江河水资源五级区,多年平均水资源量仅为 4674 万 m³,主要是因为该分区的面积最小,折合径流深 328 mm。

弥勒市五级水资源分区多年平均水资源量及不同来水频率水资源成果见表 2-2。

表 2-2 弥勒市水资源五级区水资源量成果汇总表

水资源四级区	水资源五级区	分区面积/km²	来水频率	地表水资源量/(万 m³)
甸溪河	甸溪河中下段	2186.3	多年平均	52535
			20%	70158
			50%	49561
			80%	36044
			95%	21455
南盘江下段干流	小江河	142.5	多年平均	4674
			20%	5653
			50%	4574
			80%	3819
			95%	2846
	南盘江干流中段	1036.4	多年平均	33994
			20%	41114
			50%	33268
			80%	27776
			95%	20702
	南盘江干流下段	589.9	多年平均	19349
			20%	23401
			50%	18936
			80%	15809
			95%	11783
合计		3955.1	多年平均	110552
			20%	140326
			50%	106339
			80%	83448
			95%	56786

3. 时空分布特点

由于境内河流基本都是雨水补给水源类型,径流年内分配与降雨年内分配情况基本一致。根据尤家寨水文站实测径流的多年平均月径流过程,弥勒市汛期主要分布在每年的6~11月,径流量占年径流量的81.3%,而枯季分布在12月~次年的5月,径流量仅占年径流量的19.7%。多年平均连续最大四个月径流量主要分布在7~10月,径流量占比为64.7%。最小月径流发生在4月,占比仅2.1%;最大月径流发生在8月,占比达21.5%,月径流量的极值比达10倍之多,详见图2-4。

从径流的年际变化来看,径流量的年际变化比较大,变差系数 C_v 值在 0.35~0.45 范围内,且大部分区域的 C_v 值为 0.40 左右。根据尤家寨水文站实测径流资料统计分析,年最大径流量为 94050 万 m³(出现在 1974 年),年最小径流量为 11775 万 m³(出现在 2011 年),年

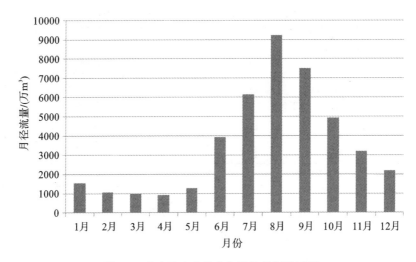

图 2-4　尤家寨水文站多年平均月径流过程

径流量的极值比达 8.0。

从径流的空间分布上看,全市径流深分布不均,基本与本市降雨量的空间分布保持一致。全市多年平均径流深 280 mm,径流深最高值在 400 mm 左右,位于南盘江下段干流出市境的附近区域,最低值在 150 mm 左右,位于弥勒市东北部甸溪河干流上游区域。

2.3　水资源质量

综合弥勒市工业企业及城镇生活污染源现状调查,2015 年弥勒市污水排放总量约为 3747 万 m³,废污水中含量较高的污染物是氨氮、总磷及重金属等。弥勒市各河段水质总体尚好。根据现状年全年对 495.7 km 河长进行的调查评价表明,全年期优于Ⅲ类(包括Ⅲ类)水质标准的评价河长为 482 km,占评价总河长的 97.2%。汛期Ⅲ类水质标准以上河长为 252.8 km,占评价总河长的 51%,劣于Ⅲ类水质的河长占 49%。

弥勒市境内目前有 4 座中型水库,洗洒水库近几年水质持续下降,由 2013 年的Ⅱ~Ⅲ类水,下降到目前的Ⅳ类水。

根据全年及汛期监测结果,不达标河段和水功能区主要分布在甸溪河干流,主要由于汛期河道沿岸的面源污染物入河量大幅增加造成。

2.4　开发利用情况

2.4.1　供水设施及供水能力

截至 2015 年底,全市建成各类水源工程 545 处。其中,蓄水工程 122 座,包括中型水库 4 座、小(一)型水库 16 座、小(二)型水库 102 座,坝塘 400 处,水库工程总库容 23806 万 m³,兴利库容 18018 万 m³,坝塘有效库容 561 万 m³,径流调节能力 15.65%,水闸 44 座,泵站 119 处,现状供水工程设计总供水能力 3.6 亿 m³。

2015 年弥勒市实际供水量 2.38 亿 m³,占多年平均水资源量的 21.4%,为设计供水能力的 65.9%。供水水源以地表水为主,其供水量占总供水量的 85.5%,地下水供水量占 14.5%。蓄水工程供水量 1.58 亿 m³,占总供水量的 66.4%,引、提水工程供水量 0.8 亿 m³,占总供水量的 33.6%。

2.4.2 用水量

根据《红河州 2015 年水资源公报》,弥勒市 2015 年用水总量 2.38 亿 m³,其中一产用水 1.78 亿 m³、二产及三产用水 0.32 亿 m³、生态用水 0.07 亿 m³、生活用水 0.21 亿 m³,用水以农业用水为主,农业用水占总用水的 74.7%。各行政分区用水量组成情况见表 2-3。

表 2-3　弥勒市 2015 年用水量组成情况表　　　　　(单位:万 m³)

乡镇	生活	工业	建筑业	第三产业	农业	生态	总需水
弥阳镇	752	2344	71	76	3600	361	7204
新哨镇	237	145	19	20	3454	96	3971
虹溪镇	170	46	8	8	1353	39	1624
竹园镇	218	143	21	22	2676	105	3185
朋普镇	186	58	6	7	2528	33	2818
巡检司镇	99	127	3	4	1707	17	1957
西一镇	56	5	1	1	495	5	563
西二镇	84	6	2	3	805	12	912
西三镇	62	22	1	1	291	6	383
五山乡	44	2	1	1	350	5	403
东山镇	122	10	2	2	208	11	355
江边乡	74	2	2	2	332	9	421
弥勒市	2104	2910	137	147	17799	699	—

近 30 年来,弥勒市用水量随经济社会的发展而不断增长。全市总用水量由 1980 年的 7980 万 m³ 增长到 2015 年的 2.38 亿 m³,年均增长率为 3.18%;人均综合用水量由 1980 年的 243 m³ 提升到 2015 年的 427 m³,年均增长率 1.61%。

2.4.3 开发利用程度

弥勒市水资源开发利用程度较高,水资源开发利用率为 21.4%。从对径流的调节能力来看,弥勒市各类蓄水工程的总调节库容 1.8 亿 m³,占地表水资源总量的 16.2%,包含纯发电大型水库在内的总调节库容 3.3 亿 m³,占地表水资源量的 29.7%,水资源开发利用率、径流调节能力均高于云南省的平均水平。

2.4.4 用水水平及用水效率

2015 年,弥勒市人均综合用水量 427 m³,高于红河州平均水平(318 m³),高于云南省人均综合用水量(311 m³)。

农业灌溉亩均综合用水为 323 m³,低于红河州平均水平(348 m³/亩),也低于云南省平均水平(395 m³/亩)。农业灌溉水利用系数为 0.53,农业用水水平相对较高。

2015 年,万元 GDP 用水量为 115 m³,低于红河州平均水平(119 m³),但高于云南省平均水平(108 m³);万元工业增加值用水量为 37.8 m³,低于红河州平均值(50.3 m³/万元),低于云南省平均值(55 m³/万元),工业用水水平总体较高。

2015 年,日均每人城镇生活用水 110 L,低于红河州平均值(141 L),也低于云南省平均值(124 L),城镇生活用水水平较低;农村生活用水 60 L,低于红河州平均值(69 L),也低于云南省平均值(71 L),农村生活用水水平较低。

2.4.5　用水消耗量

2015 年全市用水量 2.38 亿 m³,耗水量 1.43 亿 m³,耗水率 60.1%,其中,农业用水消耗量 1.11 亿 m³,占总用水消耗量的 78%;工业用水消耗量 0.13 亿 m³,占总用水消耗量的 9.4%;生活用水消耗量 0.15 亿 m³,占总用水消耗量的 10.5%;生态环境用水消耗量 0.03 亿 m³,占总用水消耗量的 2.1%。各类用户的用水特性和用水方式不同,农业耗水率为 68.2%,工业耗水率为 33.8%,生活耗水率为 43.9%,生态环境耗水率为 100.0%。

2.5　存在的主要问题

1.局部地区水资源相对短缺,供需矛盾突出

弥勒市地处北回归线附近,属亚热带季风气候区。全市水资源总量 11.06 亿 m³,单位面积产水量 28.1 万 m³/km²,人均占有水资源量 1982 m³,耕地亩均水量 981 m³,均低于全国平均水平(全国人均占有水资源量 2196 m³、耕地亩均水量 1437 m³)。3 月,干旱指数达到 8.46,西三镇、东山镇、五山乡等地区人畜饮水十分困难,干旱缺水严重;境内水资源时程分布不均,汛期主要分布在每年的 6~11 月,径流量占年径流量的 81.3%,而枯季分布在 12 月至次年的 5 月,径流量仅占年径流量的 19.7%,而枯季蒸发量占全年蒸发量的 40%。季节性缺水问题突出,干旱灾害频繁,人畜饮水与农业灌溉用水局面紧张。随着人口增长、城镇化、工业化以及农业现代化推进,经济社会发展对水资源需求进一步增加,水资源供需矛盾日益突出。

2.区域水利发展不平衡,局部地区水利化程度较低

全市现有太平、雨补、洗洒和租舍 4 座中型水库,均位于弥勒市中北部,其中太平、雨补和洗洒水库均位于弥阳镇,租舍水库位于西一镇与弥阳镇交界处,且西一镇镇政府所在地及耕地地理位置较高,无法利用租舍水库供水。各乡镇供水能力分布差距较大,4 座中型水库供水能力占蓄水工程总供水能力的 62.23%,供水对象主要为弥阳镇、新哨镇、竹园镇,现状用水要求基本得到满足。供水能力最差的西一镇、西三镇和东山镇,三个乡镇均没有一座小(一)型规模以上的水源工程,只有少量分散的小型供水设施,水利化程度较低。现状供水能力的分布不均,也制约了部分乡镇的发展前景。

3.局部地区水污染风险加大,水资源与水生态保护形势严峻

弥勒市现状水质总体状况良好,但局部地区水污染形势仍然十分严峻,水环境恶化趋势未得到有效遏制。在汛期,有 46.1% 的河长河流水质劣于Ⅲ类。随着城市发展,点源污染可能进一步恶化,加上农田径流、水土流失、畜禽养殖、农村居民用水等非点源污染治理难度大,水生态环境不容乐观。同时,弥勒市水库建设较早,太平、雨补、洗洒等境内骨干水库在设计阶段基本没有考虑生态用水需求。近年来,经济社会发展迅猛,经济发展对水资源的需求日益加大,河道内生态需水量被挤占。按水库工程坝址多年平均流量的 10% 计算,全市河道内生态需水量被挤占 2914 万 m^3,严重影响了河流健康发展。

4. 防洪基础设施薄弱,防洪安全难以保障

由于缺乏系统的规划和长期的投入不足,全市防洪基础设施十分薄弱,甸溪河弥勒段洪涝害频发。弥勒市境内的南盘江、甸溪河、花口河等主要干支流河道均没有较规范和完整地加以整治;白马河、里方河等河流沿岸多数乡镇甚至还处于不设防的状态,现状仍靠天然河道抗洪,对沿岸的居民及农田存在着严重的威胁,一旦遇到洪水泛滥,必将威胁人民的生命财产安全。

5. 水资源综合管理不完善,管理水平有待进一步提高

弥勒市水资源综合管理还不完善。在水资源管理体制方面,虽然已改为水务局,但管理职能基本上都还停留于水利方面,没有实现水务一体化管理体制;在水资源管理制度方面,最严格的水资源管理制度才刚刚实施,相应的水生态文明建设制度还未建立,水利工程建设与管理制度需要与现代水利要求相结合,目前还存在一定差距,水利投融资体系也还不完善;在水资源管理能力方面,缺乏基础监测设施和配套设备,基层管理人才队伍薄弱,缺乏专业队伍。随着国家行政管理体制改革,基层水利管理的要求将越来越高,水资源管理水平亟待提升。

3 经济社会发展需求分析

3.1 经济社会发展态势分析

3.1.1 城镇体系发展布局

弥勒位于以昆明为中心的滇中经济圈和蒙开个经济区的交接点,处于昆明"一小时经济圈"内,承受着云南省经济最发达地区滇中地区的第一圈层辐射,起到联系滇中经济区和滇东南经济区的作用,位于云南省连接越南的国际大通道昆河经济带的核心地带。在巨大的地理优势下,城镇发展构建以中心城区为核心、沿昆河经济带、云桂经济带及滇中城市经济圈外环线为轴线,以特色集镇为节点的市域空间结构。形成"一核、一带、两园、三轴、多产业区"的市域空间结构。

"一核":弥勒中心城区,包括弥勒主城区及弥勒新城区。

"一带":南盘江滨水生态带。

"两园":东风通用航空产业园、弥勒食品加工园。

"三轴":昆河经济发展轴、云桂经济发展轴、滇中外环线发展轴。

"多产业区":结合乡镇职能、产业发展、自然特征形成的产业功能区,分别为中心城区、文化休闲生态旅游区、水源保护区、高原特色现代农业区、西部山区特色农业区和东部山区特色农业区。

3.1.2 产业发展布局

1.总体产业布局

发展"烟草及其配套和煤电及煤化工"二大主导产业集群,同时发展电力及载能工业、林(竹)浆纸一体化、生物资源创新开发及旅游等四大支柱产业集群。2030年的目标是将全市第一、第二、第三产业结构比例调整为10:52:38。

(1)第一产业。

巩固和提升粮食、烤烟、蔗糖、葡萄、畜牧等传统支柱产业,大力发展优质米、肉牛奶牛、鲜食水果、核桃、板栗、竹子、(反季节)蔬菜、花卉及中药材等特色产业。

(2)第二产业。

将煤电及煤化工作为继烟草及其配套之后的又一主导产业进行培育,同时大力发展电力及载能工业、林(竹)浆纸一体化、生物资源创新开发等支柱产业,积极扶持酿酒、新材料及高新技术发展。

(3)第三产业。

将旅游业作为主要的支柱产业进行培育,大力发展传统的酒店餐饮、房地产、商贸流通、物流、金融保险及电信产业,扶持各种信息服务、工程设计、广告、市场研究、咨询、评估及审计等现代知识性服务业。

2. 区域产业布局

市域产业发展分为"中北部平坝区""中南部平坝区""东部山地河谷区"及"西部山地河谷区"四大经济区。

(1)中北部平坝区:位于市域中北部,包括弥阳(含新哨)、西三等镇。本区是弥勒的政治、经济、文化中心,市域交通枢纽,是弥勒市粮食、烤烟、蔗糖、葡萄主产区,同时发展肉牛奶牛、鲜食水果、花卉及蔬菜种植,工业主要以烟草及其配套、煤电及煤化工、生物资源创新开发、酿酒、新材料及高新技术产业为主,同时要大力发展以旅游业为代表的第三产业。

(2)中南部平坝区:位于市域中南部,包括竹园(含朋普)、虹溪二镇。本区交通方便,劳动力充裕,是云南省的糖业生产基地,烟草种植、水稻生产及蔬菜种植是该区的传统优势,是市域的副经济中心。该区主要以制糖工业、糖品深加工、竹纸浆生产、电力及载能工业、葡萄、甘蔗、竹子、畜牧业等农副产品种植和深加工为主,有众多农业种植园,适宜开展农业生态观光游览。

(3)东部山地河谷区:位于市域东部,包括东山、江边。本区主要以农产品生产和加工为主,发展烤烟、畜牧、林果、药材等产业,应充分利用矿产资源和水能资源,发展矿产开发与加工产业。

(4)西部山地河谷区:位于市域西部,包括巡检司、西一、西二、五山。本区土地辽阔,发展潜力大,产业主要以电力及载能产业、畜牧业、烤烟、经济林果、水稻种植为主,应充分利用矿产资源和水能资源,发展矿产开发与加工产业,同时依托丰富的民族文化资源,以建设民族生态旅游村为重点,发展以民族风情为主的民俗旅游。

3.1.3　主要经济社会发展指标预测

3.1.3.1　人口及城镇化水平预测

根据《弥勒市城市总体规划(修改)(2009—2030年)》《弥勒市国民经济和社会发展第十三个五年规划纲要》及《弥勒工业园区总体规划修编(2017—2030年)》中对全市城镇化水平和主要城镇的功能定位,基于现状总人口和城镇化率,综合考虑人口自然增长率、人口机械增长率和城镇化进程等因素,对人口及城镇化率进行预测。

预测至2030年,弥勒市总人口将达到80.50万人,城镇人口将达到60.38万人,城镇化率达75.0%。与基准年相比,人口年均增长率为2.7%,城镇化率提高33.4%。弥阳镇作为城市发展中心,受城镇化、工业化加快推进以及流动人口输入等多重影响,人口规模最大,增长速度最快,至2030年弥阳镇总人口将达到31.50万人,城镇人口将达到23.63万人,占全市城镇人口的39.1%,城镇化率达到75.0%,与基准年相比提高2.5%。

3.1.3.2　国民经济发展预测

根据《弥勒市国民经济和社会发展第十三个五年规划纲要》及《弥勒工业园区总体规划修编(2017—2030年)》中对全市未来产业结构调整的指导方向与规划目标,未来弥勒市将实施"工业强市"战略,加快园区基础设施和标准厂房建设,优化配套协调服务,大力发展优势产业和特色经济,推进产业转型升级和结构优化。综合考虑全市产业发展布局、工业园区分布及各乡镇经济发展潜力和方向,结合近年来经济指标发展趋势,对弥勒市国民经济发展指标进行预测。

预测至 2030 年,弥勒市工业增加值将达到 223.2 亿元,较基准年年均增长率为 2.2%。根据工业园区规划,工业发展主要集中在弥阳镇、朋普镇;至 2030 年弥勒市建筑业增加值将达到 36.1 亿元,较基准年年均增长率为 6.7%;至 2030 年弥勒市第三产业增加值将达到 194 亿元,较基准年年均增长率为 7.7%。

3.1.3.3 农田有效灌溉面积

2015 年,全市现有耕地面积约 155.74 万亩,其中常用耕地面积 112.68 万亩。2015 年农田有效灌溉面积 31.6 万亩,有效灌溉率 20.30%,人均有效灌溉面积 0.59 亩。根据弥勒市灌溉发展总体规划、弥勒市农田水利建设规划(2010—2020 年)以及第一次全国水利普查灌区专项等报告成果中关于全市的土地利用规模与灌溉发展布局,结合当地水土资源条件和水利工程建设情况,对弥勒市规划水平年有效灌溉面积进行预测。预测至 2030 年,全市有效灌溉面积达到 55.43 万亩,较基准年增加 23.83 万亩,其中水田增加 7.49 万亩,旱地增加 16.33 万亩。

3.1.3.4 林牧渔业

近年来全市林果种植、牲畜养殖规模呈增长趋势,考虑到未来全市林果地灌溉和鱼塘面积小幅度增加,养殖业规模保持一定增长,预测至 2030 年,林果地灌溉面积 8.75 万亩,鱼塘面积 2.90 万亩,大牲畜存栏数量 19.24 万头,小牲畜和家禽存栏数量 73.85 万只。

弥勒市主要经济社会发展指标预测成果见表 3-1。

表 3-1 弥勒市主要经济社会发展指标预测成果

乡镇	水平年	人口/(万人)			工业增加值/(亿元)	建筑业增加值/(亿元)	三产增加值/(亿元)	有效灌溉面积/(万亩)			林果地/(万亩)	鱼塘/(万亩)	牲畜/(万头)	
		小计	城镇	农村				小计	水田	旱地			大牲畜	小牲畜
弥阳镇	基准年	14.68	10.65	4.03	131.7	7.1	33.1	6.61	1.68	4.93	0.03	0.37	1.97	13.70
	2030年	31.51	23.63	7.88	177.2	18.7	100.2	9.57	3.04	6.53	2.04	0.44	2.35	16.39
新哨镇	基准年	5.80	1.55	4.25	7.7	1.9	8.8	6.25	1.94	4.31	0.03	0.36	1.43	7.21
	2030年	5.55	4.16	1.39	13.1	5.0	26.6	10.09	3.10	6.99	1.96	0.43	1.71	8.63
虹溪镇	基准年	4.69	1.09	3.60	1.1	0.8	3.6	3.09	0.83	2.26	0.02	0.19	1.33	5.06
	2030年	5.52	4.14	1.38	1.8	2.1	10.9	4.24	1.18	3.06	1.02	0.23	1.59	6.06
竹园镇	基准年	5.85	3.15	2.70	9.6	2.1	9.6	3.97	1.62	2.35	0.04	0.43	1.08	4.61
	2030年	7.76	5.82	1.94	15.0	5.5	29.1	6.21	2.47	3.74	0.92	0.51	1.29	5.52
朋普镇	基准年	4.99	3.29	1.70	1.2	0.6	3.0	3.65	1.58	2.07	0.04	0.50	1.41	4.63
	2030年	6.52	4.89	1.63	2.3	1.6	9.1	4.78	2.19	2.59	0.93	0.60	1.69	5.54
巡检司镇	基准年	3.10	0.64	2.46	6.2	0.3	1.5	3.47	1.05	2.42	0.02	0.22	1.44	4.99
	2030年	4.04	3.03	1.01	8.8	0.8	4.5	6.26	2.65	3.61	0.77	0.27	1.73	5.97

乡镇	水平年	人口/(万人)			工业增加值/(亿元)	建筑业增加值/(亿元)	三产增加值/(亿元)	有效灌溉面积/(万亩)			林果地/(万亩)	鱼塘/(万亩)	牲畜/(万头)	
		小计	城镇	农村				小计	水田	旱地			大牲畜	小牲畜
西一镇	基准年	2.70	0.33	2.37	0.5	0.1	0.5	0.36	0.18	0.18	0.00	0.06	1.36	3.92
	2030年	3.45	2.59	0.86	0.7	0.3	1.5	3.80	0.61	3.19	0.13	0.07	1.62	4.69
西二镇	基准年	4.15	0.59	3.56	0.6	0.2	1.1	1.63	0.25	1.38	0.01	0.12	1.74	4.38
	2030年	5.38	4.04	1.35	0.9	0.5	3.3	4.01	0.93	3.08	0.64	0.15	2.09	5.24
西三镇	基准年	2.40	0.28	2.12	0.8	0.1	0.6	0.53	0.11	0.42	0.00	0.04	1.02	3.96
	2030年	3.15	2.36	0.79	1.3	0.3	1.8	2.06	0.21	1.85	0.13	0.05	1.22	4.74
五山乡	基准年	2.12	0.32	1.80	0.4	0.1	0.5	1.06	0.13	0.93	0.00	0.05	1.03	3.13
	2030年	2.59	1.94	0.65	0.6	0.3	1.5	1.31	0.29	1.02	0.13	0.05	1.23	3.74
东山镇	基准年	1.84	0.17	1.67	1.0	0.2	1.0	0.31	0.11	0.20	0.00	0.02	1.35	3.80
	2030年	2.99	2.24	0.75	1.4	0.5	3.0	2.00	0.19	1.81	0.08	0.03	1.61	4.55
江边乡	基准年	1.46	0.31	1.15	0.0	0.2	1.0	0.70	0.08	0.62	0.00	0.04	0.94	2.33
	2030年	2.08	1.56	0.52	0.0	0.5	2.4	1.11	0.18	0.93	0.26	0.06	1.12	2.79
合计	基准年	53.78	22.36	31.42	161.0	13.7	64.1	31.60	9.54	22.06	0.00	2.42	16.08	61.74
	2030年	80.51	60.38	20.13	223.2	36.1	194.0	55.42	17.03	38.39	8.75	2.90	19.24	73.85

3.2 经济社会发展对水利的要求分析

水利是经济社会发展不可替代的基础支撑,是生态环境改善不可分割的保障系统。水利发展不仅关系到防洪安全、供水安全、粮食安全,而且还关系到经济安全、生态安全。

(1)经济社会发展布局,需要水资源优化配置做支撑。水资源是国民经济的命脉,经济社会可持续发展战略布局需要合理的水资源总体布局提供支撑。弥勒市位于云南省东南部,处于滇中、滇东南两大城市群的结合部,是昆河经济走廊的核心,位于昆明"一小时经济圈"内,是玉溪—文山—两广物流的必经点,是滇中经济圈与昆河经济走廊的关键交叉点,是云桂铁路、泛亚铁路、南昆铁路之间的重要节点,区位优势突出,有利于弥勒加快融入两大城市群,助推弥勒市域经济的跨越式发展。根据弥勒市经济社会发展规划,未来弥勒市逐渐实现其发展定位,成为两大城市群的次中心城市、全省工业强市、高原特色农业发展样板、市域经济跨越发展尖兵等,随着城市化、工业化进程进一步加快,人民群众的生活水平进一步提高,对市域水资源配置要求也越来越高。为此,必须根据市域特点、水资源承载能力和水环境承载能力,合理规划水资源布局,加大开发利用力度,完善流域水资源配置保障体系,加强市域水资源统一配置,提高水资源调控能力,为水资源可持续利用提供支撑和保障。

(2)社会稳定发展,需要切实解决民生水利问题。随着未来经济社会发展,城镇化进程加快,城镇生活用水与生产用水不断增加,城镇供水安全保障要求随之提高。现状是部分城镇供水通过河道引水工程或者地下水解决,抵御风险能力较差,如遇突发水污染事件或自然来水短缺,城市供水安全即受到威胁。根据弥勒市经济发展规划,弥勒市将致力打造高原特色农业发展样板,农业的发展离不开水土资源的有效保障,现状径流调节能力不足,供水保障能力较低,遇枯水期或枯水年,农田灌溉用水难以有效保障。因此,未来必须大力增强径流调节能力,提高供水保障能力,切实保障民生用水安全。

(3)人民生命财产安全,需要完善的防洪减灾体系做保障。未来弥勒市经济社会快速发展的同时,一方面增加了社会整体财富,另一方面也对人口和经济产值产生聚集效应,人口与经济产值相对集中到中心城镇,与此同时极端天气引起山洪、泥石流灾害频发,沿河城镇洪水风险显著加大,给当地人民生命财产带来极大威胁。在全球气候变化、区域经济快速发展的大背景下,重点乡镇的防洪需求明显提升,急需制定针对性防洪措施,保障城镇防洪安全。

(4)人与自然和谐相处,需要以维护河流健康为前提。水是生态系统的控制性因素之一。只有维护河流健康,保证生态系统对水的需求,生态系统才能维持动态平衡和健康发展。维护河流健康应在保证河流自然生态不被破坏的前提下,充分发挥河流的社会功能,实现人类和河流的和谐相处。随着龙泉、红河水乡等湿地的开发,弥勒未来将更加有序、适度、合理地开发利用旅游资源,大力开展探险旅游、生态旅游、乡村旅游等专项旅游,逐步形成以龙泉、红河水乡为龙头,其他景区、景点互补的大旅游格局。而大力发展旅游业必须以流域水环境承载力为基础,全面加强水资源保护工作,通过各项措施努力保持并打造"绿水青山"的良好生态环境。因此,必须按照人与自然和谐相处和"在开发中保护,在保护中开发"的原则,加大水生态治理和水资源保护的工作力度,维护河流健康,实现人与自然和谐相处,从而支撑经济社会的可持续发展。

(5)科学发展,需求建立有利于水利科学发展的流域综合管理体系。当前弥勒市正处于经济社会发展的重要时期,对政府的社会管理和公共服务水平的要求越来越高。为适应社会公共管理需求,必须从传统水利管理向现代水利管理转变,按照现代水利管理理念,加快推进水利管理体制机制、涉水管理、管理能力建设,制定水利政策法规,依法对涉水的社会组织和公共事务进行管理;优化配置水资源,规范水事行为,化解水事矛盾,维护社会用水公正和用水安全;保持良好的水事秩序,有效应对水旱灾害及有关水的突发事件,维护人民群众的利益,促进经济社会发展,保护生态环境,保持社会稳定。

4 总体规划

4.1 指导思想与基本原则

4.1.1 指导思想

以创新、协调、绿色、开放、共享的发展理念和"节水优先、空间均衡、系统治理、两手发力"的新时期水利工作方针为指导,全面贯彻国家关于生态文明建设的重要部署,把水利作为基础设施建设的优先领域,突出加强农田水利、中小河流治理等水利薄弱环节建设,大力发展城镇供水、农村饮水等民生水利工程,注重科学治水、依法治水,实行最严格的水资源管理,全面提升水利服务于经济社会发展的综合能力,全力保障供水安全、粮食安全、防洪安全和水生态安全,实现水资源可持续利用,促进社会和谐发展及区域脱贫致富。

4.1.2 规划原则

根据规划工作确定的指导思想,规划工作开展过程中遵循如下原则。

1. 坚持以人为本、民生优先的原则

把解决民生水利问题作为规划的首要任务,优先解决人民群众最关心、最直接、最现实的供水、灌溉、防洪等问题,推动民生水利发展。

2. 坚持与经济社会协调发展的原则

充分考虑地区经济社会发展对水利提出的新要求,通过正确处理开发利用与保护、治理的关系,做到经济与水资源的协调统一,支撑经济社会的可持续发展。

3. 坚持统筹兼顾、全面发展的原则

注重兴利除害结合、防灾减灾并重、治标治本兼顾,对水资源开发利用、治理、保护以及管理做出总体安排,妥善处理上下游、左右岸、干支流、流域与区域等关系,合理开发利用水资源,推进水利事业全面发展。

4. 坚持因地制宜、突出重点的原则

根据不同区域水资源条件以及经济社会发展需求,因地制宜提出水利基础设施建设主攻方向,把解决工程性缺水问题放在更加突出的位置,保障生产生活用水,改善农业灌溉供水条件,保障重要乡镇的防洪安全。

5. 坚持依法治水、科学治水的原则

为适应水资源面临的形势以及转变经济增长方式的要求,逐步实行最严格的水资源管理制度,注重依法治水,科学治水,实现水资源的可持续利用与经济社会的可持续发展。

4.2 规划编制依据

4.2.1 法律法规及文件

(1)《中华人民共和国水法》。

(2)《中华人民共和国防洪法》。

(3)《中华人民共和国水土保持法》。

(4)《中华人民共和国环境保护法》。

(5)《中华人民共和国水污染防治法》。

(6)《中华人民共和国环境影响评价法》。

(7)《中华人民共和国城乡规划法》。

(8)《中华人民共和国土地管理法》。

(9)《中华人民共和国河道管理条例》。

(10)《风景名胜区条例》。

(11)《中共中央国务院关于加快水利改革发展的决定》(中发[2011]1号)。

(12)《国务院关于实行最严格水资源管理制度的意见》(国发[2012]3号)。

(13)《水利部关于加快推进水生态文明建设工作的意见》(水资源[2013]1号)。

(14)《取水许可管理办法》(水利部令第34号)。

(15)《入河排污口监督管理办法》(水利部令第22号)。

(16)《关于加强入河排污口监督管理工作的通知》(水资源[2005]79号)。

(17)《水功能区监督管理办法》(水资源[2017]101号)。

4.2.2 规程与规范

(1)《江河流域规划编制规范》(SL201)。

(2)《江河流域规划环境影响评价规范》(SL45)。

(3)《水利水电工程水文计算规范》(SL278)。

(4)《水利工程水利计算规范》(SL104)。

(5)《水资源供需预测分析技术规范》(SL429)。

(6)《城市给水工程规划规范》(GB50282)。

(7)《村镇供水工程技术规范》(SL310)。

(8)《灌溉与排水工程设计规范》(GB50288)。

(9)《节水灌溉技术规范》(SL207)。

(10)《地表水环境质量标准》(GB3838)。

(11)《污水综合排放标准》(GB8978)。

(12)《工业取水定额(系列标准)》(GB/T 18916)。

(13)《生活饮用水卫生标准》(GB5749)。

(14)《云南省地方标准用水定额》(DB53/T 168)。

(15)《城市供水水源规划导则》(SL627)。

(16)《防洪标准》(GB50201)。

(17)《河湖生态保护与修复规划导则》(SL709)。

4.2.3　相关规划

(1)珠江区水资源综合规划。

(2)云南省水资源综合规划成果。

(3)西南五省(市、市区)骨干水源工程近期建设规划。

(4)弥勒市弥阳坝区水资源综合利用规划。

(5)弥勒市小康水利建设规划。

(6)红河州新型城镇化规划。

(7)弥勒市城市总体规划。

(8)弥勒工业园区总体规划。

(9)弥勒土地利用规划。

(10)弥勒市其他总体规划。

4.3　规划范围及水平年

规划范围为弥勒市行政辖区全部范围,总面积 4004 km^2,包括 10 镇 2 乡。

本次规划基准年为 2015 年,规划水平年为 2030 年。

4.4　规划目标

2030 年,基本建立区域水资源保障体系、防洪减灾体系、水资源保护体系以及水资源综合管理体系,全面提升水利服务于经济社会发展的综合能力,全力保障供水安全、粮食安全、防洪安全和水生态安全,促进社会和谐发展及区域脱贫致富。

(1)提高水资源调控水平,实现水资源合理配置,形成科学合理的水资源保障体系。全市用水总量控制在 3.36 亿 m^3 以内,水资源开发利用率提高到 29%;新增供水能力 1.13 亿 m^3,城镇供水能力达 1.23 亿 m^3,全面解决各城镇、人口较集中乡镇的供水问题;一般万元工业增加值需水量降低到 19.8 m^3/万元;农田有效灌溉面积达到 55.43 万亩,新增农田灌溉面积 23.82 万亩,高效节水灌溉面积 35 万亩,农田灌溉水利用系数达到 0.75。

(2)建成防洪减灾体系,重点乡镇弥阳镇防洪能力达 30 年一遇洪水标准,一般乡镇防洪能力达到 10 年一遇洪水标准,县城及乡镇防洪能力明显提高;完成重点中小河流流域治理和重要山洪沟、泥石流整治任务,防洪能力达到 5～10 年一遇洪水标准。

(3)建成水资源保护体系。COD 和 NH$_3$-N 入河量分别控制在 6675 t 和 984 t 以内,主要江河水功能区水质达标率提高到 98% 以上,主要供水水源水质达标率 100%;甸溪河、白马河、花口河、里方河等主要河流生态环境用水水质达标率提高到 90% 以上。

(4)初步形成流域综合管理格局。逐步完善流域管理与区域管理相结合的体制和机制,构建水资源综合管理配套法律体系,基本建成最严格的水资源管理制度,基本完成水资源管理基础能力建设,提高水资源监督管理能力。

4.5 建设任务

4.5.1 建设节水高效的供用水体系,保障供水安全

贯彻"水资源可持续利用"方针,按照"总量控制""节水优先"和"综合利用"的原则,在全面加强水资源节约与保护的基础上,合理安排供水、灌溉骨干水源工程建设,加强水资源优化配置,不断提高水资源的综合利用效率。

(1)做好水资源的合理配置。在保障河道内生态环境用水和强化节水的基础上,合理配置生活、生产和生态用水,在保证城乡生活与基本灌溉用水、保障饮水安全与粮食安全的前提下,增加工业、建筑业、第三产业以及河道外生态环境用水。

(2)加强城乡供水体系建设。重点开展龙泉水库、可乐水库等重点水源工程建设,开展弥阳灌区骨干水库连通工程建设,开展小型蓄水工程建设,逐步形成中小微型水源工程合理搭配的水资源配置布局,有效保障城乡饮水安全,提高供水保证率。

(3)抓紧灌溉基础设施建设。加快对现有灌溉工程的挖潜配套和节水改造,改善灌溉条件和提高灌溉保证率;新建一批灌溉水源工程和灌区工程,以保障粮食生产用水。

4.5.2 建设防洪减灾体系,保障防洪安全

按照"人水和谐""左右岸兼顾、上中下游协调"的原则,遵循"以泄为主、泄挡结合"的治理方针,统筹安排主要河流堤防以及中小河流治理、山洪灾害防治等工程措施,着力于构建和完善以堤防为主与非工程措施相结合的防洪减灾体系。

(1)加强堤防工程达标建设。重点实施城区甸溪河堤防建设,河道整治以清除淤积为主,保证泄洪断面,提高泄洪能力。

(2)完成甸溪河、白马河、花口河、里方河、野则冲河、洛那河、大可河等中小河流治理。以河道主流线为依据确定河道控导线,控制河道平面形态和两岸岸线,维护岸坡稳定。在全面控制河势基础上,通过工程措施对局部河段河势做适当调整,对侵占河道的建筑物、山石等进行清障疏浚。

(3)开展山洪灾害防治。对威胁乡镇、企业或重要基础设施的竹村地龙海沟、益者沙沟、白寺沙沟、山金村防洪沟等山洪沟、泥石流沟,按 10 年一遇洪水标准治理;威胁村庄的山洪沟、泥石流沟,按 5 年一遇洪水标准治理,修建拦挡工程、排洪渠等防治工程。

(4)完善防洪非工程措施。进一步提高洪水预警预报水平,制定超标准洪水的防御对策和调度运用方案。

4.5.3 建设水资源保护体系,保障水生态安全

坚持节约优先、保护优先、自然恢复为主方针,正确处理好开发利用与保护的关系,以水环境承载能力和水生态承受能力为基础,合理把握开发利用的红线和生态与环境保护的底线,加强水资源保护,强化水生态环境保护。

以水功能区划为基础,加快点源污染治理,将水功能区入河污染物控制在纳污能力范围内,使水环境呈良性发展;以河道生态需水为控制目标,协调好、保障好甸溪河、白马河、花口

河等主要河流的生态流量。水源地严格执行水源点有关标准,各水库及其上游河段水质达Ⅱ类水标准,城区河段水质达Ⅲ类水标准。

4.5.4 建立水资源综合管理体系,提高综合服务水平

按照"完善法律法规、健全体制机制、加强执法监督、强化水行政事务管理、提升管理能力"的思路,逐步建立起民主、协调、权威、高效的水利现代化综合管理体系。

(1)完善规章制度。进一步加强水法规配套体系建设,逐步建立起以"最严格水资源管理"为核心的规章制度体系。

(2)加强执法监督。加强执法管理制度建设,规范执法行为,实行水利综合执法;逐步建立高效的跨部门联合执法监督机制,提高执法效率;加强执法能力和执法环境基础设施建设,保障执法运作。

(3)强化水行政事务管理。完善规划管理,包括防洪抗旱减灾管理、水资源综合利用管理、水生态与环境保护管理、河道管理、水利工程建设与运行管理和应急管理等制度。

(4)提升管理能力。加强信息采集系统、传输和存储系统、数据中心及应用系统等信息化基础建设;加强人才队伍建设及水利发展重大战略问题研究。

4.6 总体布局及区域发展重点

4.6.1 总体布局

围绕弥勒市"一主两轴三组团"的城镇发展空间布局以及"一带两区"的农业发展布局对水资源开发利用的迫切需求,以水资源可持续利用支撑经济社会可持续发展为核心,规划以骨干水资源配置工程和重点水源工程为主体,突出水利薄弱环节和民生水利工程建设,逐步构建弥勒市"西拓东进,南北联动"的总体布局。其中"西拓"是指结合当地水土资源特点,拓展水源、拓展灌溉面积,加大中小型水库的建设力度,提高西部水利化程度,增强乡镇供水和人畜饮水安全保障能力;"东进"是指进一步提高东山镇水利化程度,改善东山镇无小(一)型以上水库的现状,提高供水、灌溉保障能力;"南北联动"是指充分发挥中北部太平、雨补、洗洒等现有工程的蓄水功能,优化区域配置格局,增强中南部地区的水利保障程度,强化重点河流的水生态保护修复能力,提高整体水资源保障水平。

4.6.2 区域发展重点

4.6.2.1 甸溪河流域

甸溪河流域位于弥勒市坝区,是弥勒市政治、经济、文化中心,云南省"昆河经济带"的重要组成部分,是弥勒市粮经作物主要产区以及葡萄重点种植区。根据经济社会发展规划,未来将在弥阳镇以及朋普镇规划建设弥勒工业园区,是流域大力发展工业生产的重要方向之一,未来需水量将进一步增大。

根据甸溪河流域经济社会发展需求、水土资源条件及当地用水矛盾特点,宜在加强坝区节水的基础上,依托洗洒水库、雨补水库、太平水库及花口龙潭、大树龙潭、清水龙潭、黑龙潭

和巴甸龙潭等三库五泉,通过连通工程建设,实现水源之间互联互通、相互补给,以满足生产、生活和生态用水需要。

(1)大力发展节水灌溉,加强灌区续建配套与高效节水工程建设,改善灌溉条件,新增有效灌溉面积。

(2)扩建或新建洗洒水库等中小型蓄水工程,增强供水能力,解决弥阳坝区集镇供水、农村饮水、农业灌溉及工业用水供需矛盾。

(3)优化水源配置,实施弥阳灌区骨干水库连通工程,将太平、雨补、洗洒等3座中型水库及鸡街铺等11座小(一)型水库组成联调系统,提升3座骨干水库供水覆盖范围,进一步增加水资源调控能力,提高供水和灌溉保证率。

(4)以湖泉生态园和红河水乡为核心,加强源区水源保护,开展水生态保护和修复,实施敏感地区生态补水,保障甸溪河、湖泉生态园和红河水乡等重要节点生态用水。

(5)开展甸溪河流域及花口河、白马河、里方河等中小河流治理,保障弥阳镇和其他沿岸乡镇及农田防洪安全。

4.6.2.2 南盘江流域

南盘江位于县境西、南、东边缘,由西北流向东南,它是本市与邻县的界河,县内全长250 km,从西向东途径西一镇、五山乡、巡检司镇、江边乡、东山镇。较大的支流有小河门河、小河、杨柳大冲、江边小河、洛那河、阿岱河,该区域干流水资源丰富,但由于田高水低、土地分散,现状用水困难,且现状水利工程很少,仅有岔河、保云、杨柳寨等3座小(一)型水库,现状缺水问题突出。然而流域内耕地发展潜力较大,根据经济社会发展布局,未来区域将被打造成农林型小城镇,保障区域粮食安全。

根据经济社会发展需求以及水土资源条件,南盘江东西两翼分区未来水利发展以城镇供水、节水灌溉为主。

(1)优化供水布局,提高区域水资源调控能力,规划建设龙泉、可乐两座中型水库及小宿依等小(一)型水库,保障西二镇、五山乡、巡检司镇的用水需求。

(2)大力发展灌溉面积,新建龙泉、巡检司两个中型灌区,不断提高农业用水水平及效率;加大保云、岔河、茂卜水库灌区的续建配套建设,不断提高用水效率。

(3)加强水污染防治,通过调整产业结构,限制高用水、高污染产业,采取工业清洁生产措施,有效保护水资源。

5 需水预测及水资源配置

5.1 需水预测

5.1.1 河道外需水预测

5.1.1.1 需水预测方案

在综合分析弥勒市现状用水模式的基础上,考虑未来全市经济发展规模、水资源承载能力以及水资源管理政策的影响,本次需水预测按照一般节水和强化节水两种方案进行。

一般节水方案:根据弥勒市经济社会发展预测指标,在现状各行业用水水平的基础上,以一般节水模式下的用水效率进行需水预测。据此预测,2030 年弥勒市 $P=50\%$、80%、95%需水量分别为 35580 万 m^3、38829 万 m^3、42371 万 m^3,与基准年相比,$P=50\%$时的总需水量比基准年增加 10830 万 m^3,年均增长率 2.4%。

强化节水方案:根据弥勒市经济社会发展预测指标,在现状各行业用水水平的基础上,采用强化节水模式,以提高农田灌溉水利用系数、降低万元工业增加值等用水指标为核心,进一步提高用水效率,进行需水预测。据此预测,2030 年弥勒市 $P=50\%$、80%、95%需水量分别为 33648 万 m^3、36598 万 m^3、39815 万 m^3,与基准年相比,$P=50\%$时的总需水量比基准年增加 9111 万 m^3,年均增长率 2.1%。

预测方案比选:一般节水方案下,弥勒市总需水量随着未来人口、经济指标的快速增长增幅较大,在现状用水模式的基础上,采取一般节水模式,虽能达到一定节约用水的效果,但对全市水资源承载力、供水工程以及水环境会造成较大压力;强化节水方案下,支撑全市社会经济快速平稳发展的情况下,总需水量增长幅度较小,实现了高效节水和高效益用水,水资源开发利用程度与水资源承载能力相适应,且满足用水总量控制指标,符合资源节约、环境友好型社会建设要求。因此,经综合比选,本次规划以强化节水方案作为需水预测推荐方案。

5.1.1.2 需水预测成果

1.生活需水

根据《云南省地方定额标准》,城镇生活用水每日定额在 $100\sim150$ L/人,农村生活用水每日定额在 $35\sim85$ L/人之间;参照《红河州水资源公报》(2015 年),弥勒市现状年城镇生活用水每日定额约 105 L/人,农村生活用水每日定额约 60 L/人,考虑未来生活用水水平进一步提高,规划 2030 年城镇生活用水每日定额 115 L/人,农村生活用水每日定额 75 L/人。

据此,结合上述经济社会发展指标预测中有关人口预测成果,预测至 2030 年弥勒市生活需水量 3261 万 m^3。生活需水量预测成果详见表 5-1。

2. 农业需水

(1)农田灌溉需水。

按弥勒市当地农业种植结构和种植习惯,分水田、旱地设计灌溉制度,考虑水田种植结构为水稻和蔬菜复种,旱地作物以玉米、烤烟、葡萄为主。各种作物不同频率的用水定额参考《云南省地方定额标准》取值,当 $P=80\%$ 时,水稻用水定额 560 m^3/亩,大春玉米用水定额 155 m^3/亩,烤烟用水定额 40 m^3/亩,葡萄用水定额 160 m^3/亩,蔬菜用水定额 270 m^3/亩。规划水平年考虑复种指数进一步提高,复种指数由基准年的 1.3 左右提高到规划水平年的 1.8。通过进一步优化种植结构,当 $P=80\%$ 时,基准年水田综合灌溉定额 503 m^3/亩,旱地综合灌溉定额 228 m^3/亩;2030 年水田综合灌溉定额 391 m^3/亩,旱地综合灌溉定额 238 m^3/亩。通过续建配套及节水改造等工程措施,加大节水力度,提高现状灌溉水利用系数,预计 2030 年高效节水灌溉水有效利用系数达到 0.85。据此预测,当 $P=80\%$ 时,2030 年弥勒市农田灌溉需水量 20622 万 m^3。

(2)林牧渔业需水。

根据《云南省地方定额标准》相关规定,同时参考《红河州水资源公报》(2015 年),确定弥勒市林果地综合灌溉用水定额 80 m^3/亩,鱼塘用水定额 160 m^3/亩,大牲畜用水每日定额 35 L/头,小牲畜用水每日定额 15 L/头。据此预测,至 2030 年林牧渔需水量 2107 万 m^3。

(3)工业需水。

工业需水量采用万元增加值用水量进行预测,工业综合用水定额根据《云南省地方定额标准》相关规定,结合最严格水资源管理制度的要求以及《云南省水资源综合规划》中有关红河州未来工业用水定额预测成果,确定基准年、2030 年弥勒市工业增加值用水定额分别采用 37.8 m^3/万元、28.3 m^3/万元。据此,结合经济社会发展指标预测中工业增加值预测成果,预测至 2030 年工业需水量 8136 万 m^3。工业需水量预测成果详见表 5-1。

(4)建筑业及第三产业需水。

建筑业及第三产业用水定额主要根据《红河州水资源公报》(2015 年)中弥勒市的现状用水水平,并参照《云南省水资源综合规划水资源配置阶段报告》中有关红河州未来建筑业、第三产业用水定额的变化趋势,考虑未来用水效率进一步提高,节水强度进一步加大,据此确定基准年、2030 年弥勒市万元建筑业增加值用水定额分别采用 16.5 m^3/万元、10 m^3/万元;万元第三产业增加值用水定额分别采用 4.5 m^3/万元、2.5 m^3/万元。据此,结合经济社会发展指标预测中建筑业及第三产业增加值预测成果,预测至 2030 年,全市建筑业需水量 388 万 m^3,第三产业需水量 522 万 m^3。

(5)河道外生态需水。

河道外生态环境需水主要考虑城镇绿化及街道洒水。城镇绿化及街道洒水需水量主要根据红河州水资源公报中全市及城市建成区现状河道外生态环境用水成果,考虑各乡镇发展规模扩大和城镇化水平提升,按弥勒市城镇人口综合用水定额,预测至 2030 年河道外生态需水量 1564 万 m^3。河道外生态环境需水量预测成果详见表 5-1。

5.1.1.3　河道外总需水量

综上所述,至 2030 年,当 $P=80\%$ 时,全市河道外总需水量 36598 万 m^3,其中生活需水量 3261 万 m^3,占总需水量的 8.9%;农业需水量 22729 万 m^3,占总需水量的 62.1%;工业需水量 8137 万 m^3,占总需水量的 22.2%;建筑业及第三产业需水量 909 万 m^3,占总需水量的 2.5%;河道外生态用水量 1564 万 m^3,占总需水量的 4.3%。

弥勒市河道外需水预测成果详见表 5-1。

表 5-1　弥勒市河道外需水预测成果　　　　　　　　　　　（单位:万 m^3）

乡镇	水平年	生活	工业	建筑业	三产	农田灌溉 $P=50\%$	农田灌溉 $P=80\%$	农田灌溉 $P=95\%$	林牧渔	河道外生态	河道外总需水 $P=50\%$	河道外总需水 $P=80\%$	河道外总需水 $P=95\%$
弥阳镇	基准年	547	3451	132	167	3267	3719	4040	185	342	8090	8542	8863
	2030 年	1271	6479	201	269	3114	3634	4201	404	821	12558	13078	13645
新哨镇	基准年	160	204	35	44	3232	3693	3986	141	50	3867	4328	4620
	2030 年	224	288	54	72	3299	3850	4450	345	119	4400	4951	5551
虹溪镇	基准年	126	31	15	18	1540	1755	1904	90	35	1855	2069	2218
	2030 年	223	40	23	29	1326	1547	1787	199	61	1900	2120	2361
竹园镇	基准年	195	260	39	49	2217	2548	2722	138	101	2998	3329	3503
	2030 年	316	344	59	78	2199	2568	2971	241	160	3398	3768	4170
朋普镇	基准年	179	34	11	15	2077	2391	2547	159	106	2581	2894	3051
	2030 年	265	643	17	24	1699	1986	2298	266	191	3105	3392	3704
巡检司镇	基准年	82	172	6	8	1784	2037	2200	97	21	2169	2422	2586
	2030 年	164	213	8	12	2273	2655	3072	184	41	2896	3278	3695
西一镇	基准年	66	13	2	3	211	243	258	52	11	357	389	404
	2030 年	140	17	3	4	450	527	610	73	25	712	788	872
西二镇	基准年	103	16	4	5	736	831	915	75	19	958	1053	1138
	2030 年	219	23	6	9	1282	1495	1726	146	45	1730	1942	2174
西三镇	基准年	58	24	2	3	250	283	310	44	9	390	423	450
	2030 年	128	34	3	5	642	746	860	64	23	898	1002	1117
五山乡	基准年	53	12	2	3	462	521	577	41	10	584	642	698
	2030 年	105	16	3	4	432	504	581	60	17	638	709	787
东山镇	基准年	44	29	4	5	164	188	202	43	5	295	318	333
	2030 年	121	39	6	8	631	734	846	59	28	892	994	1106
江边乡	基准年	39	1	4	4	301	339	375	37	10	395	433	470
	2030 年	85	1	6	7	325	378	436	67	33	523	576	634
合计	基准年	1652	4247	256	325	16241	18548	20036	1102	719	24539	26842	28334
	2030 年	3261	8137	389	521	17672	20624	23838	2108	1564	33650	36598	39816

5.1.1.4　成果合理性分析

(1)需水量变化趋势分析。

当 $P=80\%$ 时,弥勒市总需水量由 1980 年的 7980 万 m^3、基准年的 26842 万 m^3 提高到

2030 年的 36598 万 m^3，2030 年需水量比基准年增长 9754 万 m^3。从增长率来讲，1980 年至基准年的年均增长率为 3.5%，基准年至 2030 年的年均增长率 2.1%，符合需水增长逐步放缓的总体趋势，也基本满足经济社会发展的阶段需求。弥勒市总需水量变化趋势见图 5-1。

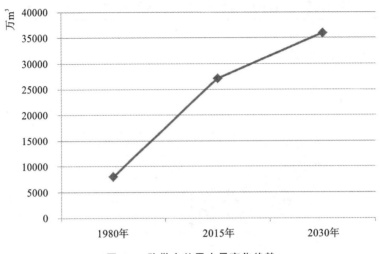

图 5-1　弥勒市总需水量变化趋势

（2）最严格水资源管理用水总量控制指标分析。

根据红河州最严格水资源管理要求，弥勒市 2030 年多年平均用水总量要控制到 3.36 亿 m^3，本次规划弥勒市多年平均总需水量为 3.36 亿 m^3，满足最严格水资源管理用水总量控制指标的要求。

（3）需水结构变化分析。

从需水结构变化来看，农业需水量占总需水量的比例逐年减少，由基准年的 73.2% 下降到 2030 年的 62.1%；工业需水量占总需水量的比例逐年上升，工业需水量占总需水量的比例由基准年的 15.8% 提高到 2030 年的 22.2%；生活需水量占总需水量的比例增幅为 2.7%；建筑业及第三产业需水量由基准年的 2.1% 提高到 2030 年的 2.5%；河道外生态需水量占总需水量的比例也有所提高，由基准年的 2.7% 提高到 2030 年的 4.3%。总体来说，弥勒市需水结构更趋优化，符合全市经济社会发展趋势。

（4）区域分布分析。

从弥勒市各乡镇需水分布来看，在规划水平年，弥阳镇、新哨镇、竹园镇及朋普镇等主要乡镇作为弥勒市经济发展的核心，随着工业园区建设及工业化进一步发展，城镇化进程推进较快，城镇生活需水增幅较大，新增需水总量占全市新增总需水量比重较大；虹溪镇、巡检司镇等乡镇现状基础较好，未来将保持平稳发展，需水量增幅基本处于平均增长水平；考虑产业的聚集效应，其他乡镇随着经济社会发展，需水总量均有一定幅度的增加，但由于产业布局、水土资源条件及开发利用程度等因素的影响，变化幅度较小。总体上，各乡镇需水量占总需水量的比例变化基本符合各乡镇未来经济社会发展趋势，符合当地实际情况。

5.1.2　河道内需水预测

弥勒市境内河道无通航要求，河道内需水主要为生态需水。本次规划选择市域内主要河流甸溪河及其主要支流、各重点中型水库等具有控制性的 6 个节点，分析计算河道内需水量。

生态需水按照全国统一计算方法进行计算。规划河道内枯水期生态需水按各开发利用控制断面河流多年平均来水量的10%计,汛期按30%计。主要控制节点的河道内需水成果详见表5-2。

表 5-2　弥勒市主要控制节点的河道内需水成果

河流名称	断面名称	汛枯期	控制下泄流量/(m³/s)
甸溪河	太平水库	枯期	0.52
		汛期	1.74
白马河	雨补水库	枯期	0.48
		汛期	1.45
花口河	洗洒水库	枯期	0.30
		汛期	0.81
甸溪河	尤家寨	枯期	1.36
		汛期	4.07
大可河	龙泉水库	枯期	0.05
		汛期	0.09
野则冲河	可乐水库	枯期	0.05
		汛期	0.09

5.2　可供水量预测

5.2.1　预测方法

可供水量是根据各地区水资源、来水条件、需水情况以及供水系统的供水能力和运行情况,在满足生态环境用水要求的前提下,可供河道外使用的水量。供水预测以逐步改变部分区域现状供水不合理的组成状况、提高供水保证率为原则,首先退减现状用水中的不合理用水量,然后根据区域缺水性质,规划不同的供水措施:对现状水资源开发利用率低的区域,以加快供水设施为主;现状水资源开发利用率相对较高的区域,以已建工程的续建配套挖潜优先,必要时新增供水工程设施;对部分缺水区,按照节水型社会的要求,抑制新增需水的过快增长,并充分利用当地水资源的前提下,规划实施跨流域调水措施。

利用建立的水资源模拟模型,我们将供水系统划分为不同的计算节点,包括用水户、新增工程和原有工程等。根据规划水平年的需水要求,对供水系统进行调节计算后得出可供水量。根据当地水资源状况、水源状况以及用水户重要程度,可供水量计算遵循以下原则:①优先满足生活用水和生态环境用水原则;②供水水源优先利用地表水原则;③先节水后开源原则;④优先利用引、提水工程,后利用蓄水工程原则。

在该模型中,小(一)型以上水库、规模以上引水工程和较大地下水取水工程均作为单独节点进行计算,其他工程按照五级区套乡镇分别打包计算。按照水量平衡原理,根据长系列调算不同节点各计算时段(月)来水、用水以及节点工程供水能力,进行各用水户在各个计算时段(月)的供用水量、缺水量以及各水源点供水与蓄水情况等分析,最终按行政乡镇进行汇总,并分别计算在 $P=50\%$、$P=80\%$、$P=95\%$ 来水情况下各供水工程和用水户的供、缺水情况。

5.2.2　现状可供水量分析

根据 1960—2012 年逐月径流资料调算,在现状工程条件下,且来水频率为 50%、80%、95%情况下,弥勒市可供水量分别为 24538 万 m^3、25842 万 m^3、26039 万 m^3。供水水源以地表水为主,来水频率为 80%情况下的地表水可供水量 25221 万 m^3,占总可供水量的97.6%,其中蓄水工程 18364 万 m^3,占总供水量的 71.06%;地下水可供水量 621 万 m^3,占总可供水量的 2.4%,其他水源量太小,本次计算忽略不计。现状工程条件下可供水量计算成果见表 5-3。

表 5-3　现状工程条件下可供水量成果表　　　　　　　　　(单位:万 m^3)

乡镇	$P=50\%$					$P=80\%$					$P=95\%$				
	地表水		地下水	其他	合计	地表水		地下水	其他	合计	地表水		地下水	其他	合计
	蓄水	引提水				蓄水	引提水				蓄水	引提水			
弥勒市	17605	6311	621	0	24537	18364	6857	621	0	25842	18387	7030	621	0	26038
弥阳镇	6990	906	193	0	8089	7401	942	193	0	8536	7750	907	193	0	8850
新哨镇	3391	403	73	0	3867	3835	399	73	0	4307	4086	432	73	0	4591
虹溪镇	1747	0	108	0	1855	1770	0	108	0	1878	1688	0	108	0	1796
竹园镇	162	2775	61	0	2998	145	3095	61	0	3301	235	3128	61	0	3424
朋普镇	617	1926	38	0	2581	508	2128	38	0	2674	220	2201	38	0	2459
巡检司镇	1932	197	40	0	2169	1954	184	40	0	2178	1754	231	40	0	2025
西一镇	326	0	31	0	357	343	0	31	0	374	338	0	31	0	369
西二镇	890	47	22	0	959	867	50	22	0	939	816	64	22	0	902
西三镇	328	33	28	0	389	338	33	28	0	399	324	42	28	0	394
东山镇	273	22	0	0	295	249	24	0	0	273	235	24	0	0	259
五山乡	584	0	0	0	584	569	0	0	0	569	565	0	0	0	565
江边乡	366	2	27	0	395	384	2	27	0	413	375	2	27	0	404

5.2.3　供水工程规划

在规划水平年,水资源的开发利用不仅要满足现状未达标的合理需求,还要满足社会发展新增用水需求。弥勒市局部存在资源性及工程性缺水问题,缺水区域主要分布在东西部山区乡镇,以巡检司镇、五山乡、西二镇、虹溪镇和东山镇为典型,主要的缺水问题以农业灌溉缺水为主,中南部朋普镇地区也存在一定的农业灌溉缺水问题。按照"合理抑制需求、有效增加供给、积极保护生态环境"的原则,结合区域现状缺水性质、缺水原因以及境内水资源时空分布不均等水资源条件,弥勒市可以采取以下措施:实施灌区续建配套与高效节水改造,以及乡镇节水工程建设,抑制需水过快增长;以新建中小型水库以及塘坝等蓄水工程和河库、库库连通工程为主,辅以改扩建引提水工程,增加水资源供给;通过发展旱作农业,合理分配水资源,优化水资源分布。通过这些措施,弥勒市可以扭转现状水资源分布不均及缺水局面,着力提高水资源保障能力,为促进弥勒市经济社会发展和生态环境的良性循环保驾护航。

(1)灌区续建配套与高效节水。

按照《灌溉与排水工程设计规范》(GB50288)《节水灌溉技术规范》(SL207)要求,对弥阳灌区、竹园朋普坝灌区等现有千亩以上灌区实施灌区续建配套,加强田间工程建设;对15.7万亩弥阳—新哨—东风片区耕地、7万亩竹园—朋普片区耕地、2.5万亩西二片区耕地、1万亩江边片区耕地、0.5万亩五山片区耕地、0.3万亩东山片区耕地、4万亩虹溪白云片区耕地、3万亩巡检司片区耕地和1万亩西一片区耕地等35万亩耕地开展高效节水建设,主要发展喷灌、滴灌的节水灌溉形式,提高渠系水利用系数和灌溉水利用系数,在2030年,来水频率为80%保证率下,节约农田灌溉需水量5258万 m^3 。

(2)城镇节水工程。

按照建设节水型社会要求,实施用水项目节水改造,推广节水器具,发展循环经济,万元工业增加值用水量由现状的37.8 m^3 降低到2030年的19.8 m^3 ;推广节水器具、改造供水管网,使供水管道水量漏失率控制在7%以下,减少输水损失。

(3)新建蓄水工程。

规划近期续建完成洗洒水库扩建工程、者甸水库建设任务,新建龙泉水库、可乐水库和葫芦岛水库等3座中型水库,小宿依水库、李子冲水库、老悟懂水库等25座小(一)型水库工程以及88处小(二)型水库。通过新建蓄水工程,新增兴利库容12280万 m^3 ,新增及改善灌溉面积23.09万亩,新增农业设计供水能力9781万 m^3 ,新增乡镇供水能力2310万 m^3 。规划小(一)型以上水库工程基本情况见表5-4。

表5-4 规划小(一)型以上水库工程基本情况

序号	水库名称	所在乡镇	集雨面积 /km²	供水任务	总库容 /(万 m³)	兴利库容 /(万 m³)	供水量 /(万 m³)
	中型水库						
1	洗洒水库(扩建)	弥阳镇	402	供水、灌溉	2473	2236	3317
2	龙泉水库	西二镇	56.23	灌溉	1323	943	1195
3	可乐水库	巡检司镇	97.1	供水、灌溉	1312	1008	1295
4	葫芦岛水库	西三镇		供水灌溉	1200	1180	2190
	小(一)型水库						

序号	水库名称	所在乡镇	集雨面积/km²	供水任务	总库容/(万 m³)	兴利库容/(万 m³)	供水量/(万 m³)
1	李子冲水库	弥阳镇	13.9	供水、灌溉	400	320	215
2	弥勒寺水库	弥阳镇	40.5	供水、灌溉	398	179	256
3	卫泸长塘子水库	弥阳镇	12.2	灌溉	180	140	154
4	新哨水库	新哨镇	15	灌溉	200	178	187
5	丫勒扩建	新哨镇	3.66	灌溉	110	79	104
6	者甸水库	竹园镇	9.75	供水、灌溉	185	126	185
7	石牛塘水库	竹园镇	2.3	灌溉	105	76	103
8	大可乐水库	朋普镇	73	供水、灌溉	569	342	342
9	龙潭门水库	西二镇	36.2	灌溉	550	508	518
10	阿细水库	西二镇	52.7	灌溉	390	350	488
11	老悟懂水库	西二镇	20	供水、灌溉	280	250	273
12	新岔河水库	西二镇	18	灌溉	200	150	198
13	雨龙革水库	西二镇	20.2	灌溉	170	150	193
14	惠民水库	西二镇	11.6	灌溉	128	108	115
15	葫芦口水库	西二镇	9.3	灌溉	115	80	116
16	野则冲水库	巡检司镇	66.1	灌溉	246	192	390
17	法咱沙水库	巡检司镇	14.7	灌溉	108	72	117
18	小宿依水库	东山镇	23.4	供水、灌溉	700	580	365
19	龙细水库	东山镇	25	灌溉	108	78	129
20	大水沟水库	东山镇	20.5	灌溉	300	220	222
21	江边水库	江边乡	46.9	供水、灌溉	288	225	358
22	小黑箐水库	江边乡	12.7	灌溉	180	140	151
23	小姑居扩建	江边乡	9	灌溉	150	120	114
24	龙潭沟水库	江边乡	10.3	供水、灌溉	132	102	158
25	杨柳水库	五山乡	14.7	灌溉	120	70	105

(4)水系连通工程。

弥勒市地形东西两边高中部低,水资源分布不均,新建水系连通工程,有利于优化弥勒市的水资源配置能力,提高供水保证率。重点规划新建弥阳灌区骨干水库连通工程、里方河至迎春水库河库连通工程和西部山区骨干水库连通工程。其中,弥阳灌区骨干水库连通工程充分利用洪水资源,按照东西两干渠,分东西两侧进行延伸,并串联沿途中小水库,形成中部地区全覆盖供水布局;西部山区骨干水库连通工程从雨补水库渠首提水,将水输送至西三镇新哨村拟新建的葫芦岛水库,利用高层优势,解决包括西三镇、西一镇、西二镇和五山乡在内的西部山区人饮及农业灌溉问题,形成西部地区覆盖供水布局。在增强本地水资源调配能力的同时实现一水多用,增加灌溉、供水效益,提高水资源利用效率及综合效益。水系连通工程建成后将增加供水量 4934 万 m³,新增供水人口 2.01 万人,新增及改善灌溉面积 18.45 万亩。规划连通工程项目如表 5-5 所示。

表 5-5　规划连通工程项目

序号	项目名称	工程任务	连通方式	引水流量/(m³/s)	供水量/(万 m³)	供水受益人口/(万人)	新增及改善灌溉面积/(万亩)
1	弥阳灌区骨干水库连通工程	灌溉、供水为主,兼顾防洪	库库	3.90	4844	1.50	16.40
2	巡检司镇朝阳寺水库至碑亭水库库库连通工程	供水	库库	1.20	39	0.39	0.83
3	弥阳镇足禄河至草海子水库河库连通工程	供水	河库	1.50	20	0.12	0.45
4	里方河至迎春水库河库连通工程	供水	河库	0.80	17		0.42
5	竹园镇竹园村地龙河河连通工程	供水	河河	1.20	14		0.35
6	西二镇保云水库—岔河水库—大麦地水库—茂卜水库连通工程	供水、灌溉	库库	0.5	10	0.56	0.22
7	西部山区骨干水库连通工程	供水、灌溉	河库	1.3	2190	0.3	9.08

5.2.4　可供水量预测

根据强化节水模式的需水成果,结合各流域供水规划和水资源合理配置方案,进行可供水量预测。

预计至 2030 年,在挖潜配套和合理调配的基础上,可乐水库、龙泉水库和弥阳灌区水库连通工程等重要连通工程全部建成并相继发挥作用,同时建成小宿依水库等一系列小型供水工程,再加上规划建设的塘坝等小型水利工程,预计来水频率为 80% 的情况下,2030 年可供水量比基准年增加 10756 万 m³,达到 36598 万 m³;来水频率为 95% 的枯水年份,2030 年可供水量比基准年增加 13127 万 m³,达到 39166 万 m³。2030 年各乡镇可供水量预测成果见表 5-6。

表 5-6　2030 年各乡镇可供水量预测成果　　　　　　　　（单位：万 m³）

乡镇	P＝50%					P＝80%					P＝95%				
	地表水		地下水	其他	合计	地表水		地下水	其他	合计	地表水		地下水	其他	合计
	蓄水	引提水				蓄水	引提水				蓄水	引提水			
弥勒市	11318	906	193	0	12417	11780	942	193	0	12915	12322	907	193	0	13422
弥阳镇	3491	403	73	0	3967	3980	399	73	0	4452	4355	432	73	0	4860
新哨镇	1792	0	108	0	1900	2012	0	108	0	2120	2253	0	108	0	2361
虹溪镇	562	2775	61	0	3398	612	3095	61	0	3768	962	3128	61	0	4151
竹园镇	1141	1926	38	0	3105	1225	2128	38	0	3391	1464	2201	38	0	3703
朋普镇	2659	197	40	0	2896	3054	184	40	0	3278	3161	231	40	0	3432
巡检司镇	681	0	31	0	712	757	0	31	0	788	814	0	31	0	845
西一镇	1661	47	22	0	1730	1870	50	22	0	1942	2047	64	22	0	2133
西二镇	888	33	28	0	949	1000	33	28	0	1061	1045	42	28	0	1115
西三镇	870	22	0	0	892	970	24	0	0	994	1028	24	0	0	1052
东山镇	1159	0	0	0	1159	1313	0	0	0	1313	1460	0	0	0	1460
五山乡	493	2	27	0	523	547	2	27	0	576	605	2	27	0	634
江边乡	11318	906	193	0	12417	11780	942	193	0	12915	12322	907	193	0	13422

5.3　水资源供需分析

5.3.1　基准年供需分析

　　基准年供需分析的目的是了解水资源开发利用在现状条件下存在的主要问题,分析水资源供需结构、利用效率和工程布局的合理性,提出水资源供需分析中的供水满足程度、余缺水量、缺水程度、缺水原因及其影响。在明确缺水性质(资源性缺水、工程性缺水和污染性缺水)和缺水原因的基础上,确定解决缺水问题的措施顺序,为寻求水资源配置措施提供科学依据。

　　根据弥勒市现状年水资源供需情况,供水系统由用水户现状工程等计算节点组成。这些节点主要考虑小(一)型以上蓄水工程及规模以上的引、提水工程。通过简化弥勒市水资源系统网络图(见图 5-2)可以了解水资源系统的结构和特点。

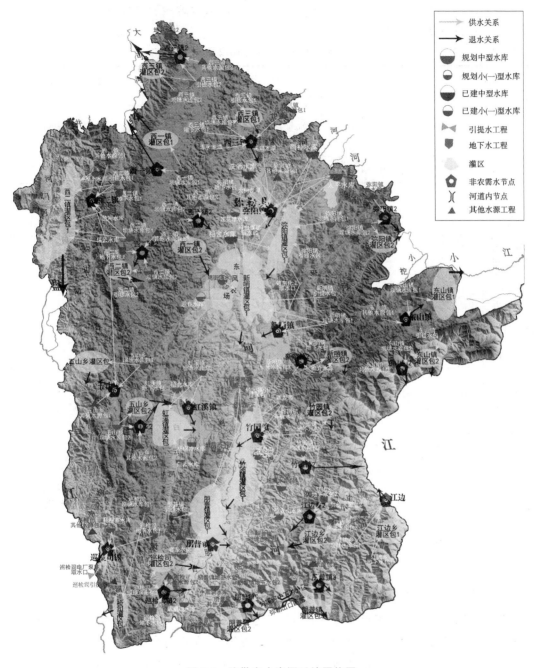

图 5-2　弥勒市水资源系统网络图

利用建立的水资源模拟模型,可以对弥勒市进行基准年供需分析,弥勒市基准年供需平衡成果见表 5-7。

由表 5-7 可见,弥勒市基准年供水保障能力不足。全市基准年在 80% 和 95% 的保证率下均存在缺水现象。在 50% 保证率下,全市需水量为 24538 万 m³,供水量为 24538 万 m³,达到供需平衡;80% 保证率下,全市需水量为 26844 万 m³,供水量为 25842 万 m³,缺水量为1002 万 m³,相应的缺水率为 3.73%;95% 保证率下,全市需水量为 28332 万 m³,供水量为26039 万 m³,缺水量为 2293 万 m³,相应的缺水率为 8.09%,缺水情况较为严重。基准年主要以农业缺水为主,农业缺水量占总缺水量的 98.6%,缺水地区主要分布在巡检司镇、西二镇、五山乡、虹溪镇、东山镇以及朋普镇。

表 5-7　弥勒市水资源供需平衡成果表(基准年)　　　　　　(单位:万 m³)

乡镇	P=50%				P=80%				P=95%			
	需水量	供水量	缺水量	缺水率/(%)	需水量	供水量	缺水量	缺水率/(%)	需水量	供水量	缺水量	缺水率/(%)
弥勒市	24538	24538	0	0.00	26844	25842	1002	3.73	28332	26039	2293	8.09
弥阳镇	8090	8090	0	0.00	8542	8536	6	0.07	8863	8850	13	0.15
新哨镇	3867	3867	0	0.00	4328	4307	20	0.47	4620	4591	29	0.63
虹溪镇	1855	1855	0	0.00	2069	1878	191	9.24	2218	1796	422	19.01
竹园镇	2998	2998	0	0.00	3329	3301	28	0.85	3503	3424	79	2.25
朋普镇	2581	2581	0	0.00	2894	2674	220	7.60	3051	2459	592	19.39
巡检司镇	2169	2169	0	0.00	2422	2178	245	10.10	2586	2026	560	21.65
西一镇	357	357	0	0.00	389	374	15	3.83	404	369	35	8.60
西二镇	958	958	0	0.00	1053	939	114	10.84	1138	902	235	20.68
西三镇	390	390	0	0.00	423	399	24	5.78	450	394	56	12.54
东山镇	295	295	0	0.00	318	273	46	14.36	333	259	74	22.26
五山乡	584	584	0	0.00	642	569	73	11.32	698	565	133	19.03
江边乡	395	395	0	0.00	433	413	20	4.53	470	404	65	13.91

5.3.2　规划水平年供需平衡分析

5.3.2.1　"零方案"平衡分析

弥勒市现状水利工程多年平均挤占河道生态需水量 2914 万 m³,退还挤占河道内生态用水后,全市可供水量为 21569 万 m³。我们按照方案一,在规划水平年需水正常增长,现状供水工程条件不变的情况下,进行规划水平年水资源供需平衡计算,得出"零方案"下的平衡结果,具体见表 5-8。

表 5-8　弥勒市水资源供需分析"零方案"成果(2030 年)　　　(单位:万 m³)

乡镇	P=50%				P=80%				P=95%			
	需水量	供水量	缺水量	缺水率/(%)	需水量	供水量	缺水量	缺水率/(%)	需水量	供水量	缺水量	缺水率/(%)
弥勒市	35580	21569	14011	39.38	38829	22806	16023	41.27	42371	22955	19415	45.82
弥阳镇	12729	5628	7101	55.79	13267	6053	462	3.48	13854	6346	7508	54.19

乡镇	P=50%				P=80%				P=95%			
	需水量	供水量	缺水量	缺水率/(%)	需水量	供水量	缺水量	缺水率/(%)	需水量	供水量	缺水量	缺水率/(%)
新哨镇	4242	3372	870	20.50	4771	3759	343	7.19	5348	4004	1344	25.14
虹溪镇	2006	1765	240	11.98	2243	1789	331	14.77	2501	1707	794	31.74
竹园镇	3658	2963	695	19.00	4069	3266	502	12.33	4516	3389	1128	24.97
朋普镇	3283	2459	824	25.11	3598	2552	840	23.33	3942	2337	1605	40.71
巡检司镇	3171	2099	1072	33.81	3599	2108	1170	32.51	4066	1956	2110	51.89
西一镇	774	293	481	62.17	860	310	478	55.60	953	305	648	68.01
西二镇	1868	889	979	52.43	2102	870	1073	51.03	2357	833	1524	64.66
西三镇	1033	399	633	61.32	1156	409	652	56.36	1291	404	888	68.75
东山镇	986	289	697	70.66	1103	267	727	65.89	1231	253	978	79.44
五山乡	1282	1036	246	19.16	1454	1028	284	19.56	1643	1037	606	36.88
江边乡	549	376	172	31.41	606	394	182	29.96	668	386	283	42.29

随着弥勒市经济社会发展,城镇化水平不断提高,工业产品和产量不断增加,农田灌溉面积不断扩大。根据基准年用水水平计算,到 2030 年,全市在 50% 保证率下的需水总量将达到 35580 万 m³,较基准年增加 11042 万 m³;在 80% 保证率下的需水总量将达到 38829 万 m³,较基准年增加 11984 万 m³;在 95% 保证率下的需水总量达到 42371 万 m³,较基准年增加 14039 万 m³。

按照基准年 80% 保证率下的供水量 22806 万 m³ 进行计算,到 2030 年全市的缺水量为 16023 万 m³,缺水率高达 41.27%。零方案供需分析表明,现状工程根本无法满足当前的经济社会用水需求,必须采取"节水与开源"的措施,大力促进水利发展,提高水资源供给保障能力,从而支撑当地经济社会的可持续发展。

5.3.2.2 "一次平衡"分析

根据方案二,按照建设节水型社会要求,推广清洁生产技术,发展循环经济,降低万元工业增加值用水;推广节水器具,改造供水管网,减少输水损失;合理抑制经济社会需水的过快增长;对现有工程进行除险加固、挖潜配套和节水改造。我们可以将除险加固、挖潜配套和节水改造后的供水系统组成新的供水系统,作为"一次平衡"分析供水方案。按照拟定的"一次平衡"供水方案进行供需平衡分析,可以得到各规划水平年"一次平衡"分析结果,具体见表 5-9。

由计算结果可见,在 80% 保证率下,2030 年需水量为 36598 万 m³,比"零方案"减少了 2230 万 m³,这说明配套节水工程大大降低了水资源的浪费,提高了水资源利用效率,从而使需水总量有明显的下降。然而,按照基准年供水能力,采取除险加固、挖潜配套这些措施后,在 80% 保证率下,2030 年缺水量为 7043 万 m³,缺水率仍高达 19.24%,这说明现有水源工程的供水能力有限,除险加固、挖潜配套和节水改造后仍然不能满足区域所需水量,需要进一步采取开源措施,以满足经济社会发展的需水要求。

表 5-9　弥勒市水资源供需分析"一次平衡"成果(2030 年)　　　　　　(单位:万 m³)

乡镇	P=50%				P=80%				P=95%			
	需水量	供水量	缺水量	缺水率/(%)	需水量	供水量	缺水量	缺水率/(%)	需水量	供水量	缺水量	缺水率/(%)
弥勒市	33648	28319	5329	15.84	36598	29556	7043	19.24	39815	29705	10110	25.39
弥阳镇	12417	12028	389	3.14	12915	12453	462	3.58	13457	12746	711	5.28
新哨镇	3967	3722	245	6.18	4452	4109	343	7.70	4980	4354	626	12.57
虹溪镇	1900	1765	134	7.06	2120	1789	331	15.62	2361	1707	654	27.70
竹园镇	3398	2963	435	12.81	3768	3266	502	13.32	4170	3389	782	18.74
朋普镇	3105	2459	646	20.81	3392	2552	840	24.75	3704	2337	1367	36.90
巡检司镇	2896	2099	797	27.51	3278	2108	1170	35.70	3695	1956	1739	47.07
西一镇	712	293	419	58.90	788	310	478	60.63	872	305	567	65.01
西二镇	1730	889	841	48.64	1942	870	1073	55.22	2174	833	1341	61.68
西三镇	950	399	550	57.94	1061	409	652	61.44	1182	404	778	65.85
东山镇	892	289	602	67.55	994	267	727	73.11	1106	253	853	77.12
五山乡	1159	1036	123	10.64	1313	1028	284	21.67	1480	1037	443	29.95
江边乡	523	376	146	27.98	576	394	182	31.52	634	386	249	39.20

5.3.2.3　"二次平衡"分析

针对弥勒市现有水资源条件下的供需情况,必须在现有水资源开发利用前提下进一步实施开源措施,以保障未来 15 年弥勒市的经济社会发展需水要求。通过新建洗洒水库扩建工程、龙泉水库、可乐水库和葫芦岛水库等 4 座中型水库,新建小宿依水库等 25 座小(一)型水库工程以及 88 处小(二)型水库工程等开源措施,同时新建弥阳灌区骨干水库连通工程等连通工程,重点解决弥勒市坝区由于水资源分布不均造成的缺水问题。

弥阳灌区骨干水库连通工程贯穿弥勒市整个中部地区,包括弥阳镇、新哨镇、竹园镇、虹溪镇和朋普镇。连通工程充分利用了现有的太平水库、洗洒水库和雨补水库 3 座中型水库,按照东西两干渠进行延伸,并串联了沿途的鸡街铺水库、迎春水库、歪着山水库和龙母沟水库等多个小型水库。其中,东延线连通了龙母沟水库、歪者山水库、者圭水库和黑果坝水库等蓄水工程,解决了竹园镇和朋普镇供水和灌溉问题。西延线连通了鸡街铺水库、迎春水库、招北水库和白云水库等,解决了由于租舍水库不能正常保证设计任务和东风农场用水需求以及虹溪镇供水灌溉问题。连通工程能够充分利用沿线的洪水资源,形成全覆盖供水布局。在增强本地水资源调配能力的同时,实现一水多用,增大了灌溉、供水效益,提高水资源利用效率及综合效益。

此次进行水资源供需"二次平衡"分析,简化了 2030 年的弥勒市水资源系统网络图(如图 5-3 所示),2030 年供需"二次平衡"分析结果,具体见表 5-10。

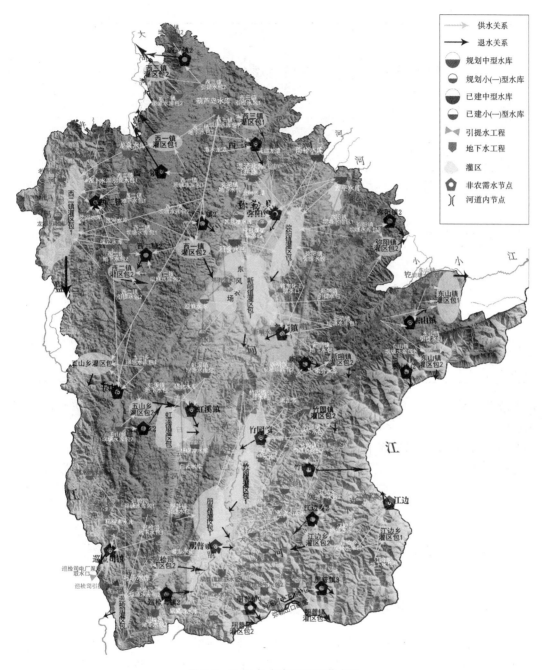

图 5-3 2030 年水资源配置节点图

表 5-10 弥勒市水资源供需分析"二次平衡"成果（2030 年） （单位：万 m³）

乡镇	P=50%				P=80%				P=95%			
	需水量	供水量	缺水量	缺水率/（%）	需水量	供水量	缺水量	缺水率/（%）	需水量	供水量	缺水量	缺水率/（%）
弥勒市	33648	33648	0	0.00%	36598	36598	0	0.00%	39815	39167	648	1.63
弥阳镇	12417	12417	0	0.00%	12915	12915	0	0.00%	13457	13422	35	4.96

| 乡镇 | P＝50％ | | | | P＝80％ | | | | P＝95％ | | | |
	需水量	供水量	缺水量	缺水率/（％）	需水量	供水量	缺水量	缺水率/（％）	需水量	供水量	缺水量	缺水率/（％）
新哨镇	3967	3967	0	0.00％	4452	4452	0	0.00％	4980	4860	120	0.00
虹溪镇	1900	1900	0	0.00％	2120	2120	0	0.00％	2361	2361	0	0.00
竹园镇	3398	3398	0	0.00％	3768	3768	0	0.00％	4170	4150	20	0.26
朋普镇	3105	3105	0	0.00％	3392	3392	0	0.00％	3704	3703	1	0.03
巡检司镇	2896	2896	0	0.00％	3278	3278	0	0.00％	3695	3432	263	1.33
西一镇	712	712	0	0.00％	788	788	0	0.00％	872	845	26	1.87
西二镇	1730	1730	0	0.00％	1942	1942	0	0.00％	2174	2133	41	5.68
西三镇	950	950	0	0.00％	1061	1061	0	0.00％	1182	1115	67	3.01
东山镇	892	892	0	0.00％	994	994	0	0.00％	1106	1052	55	2.41
五山乡	1159	1159	0	0.00％	1313	1313	0	0.00％	1480	1460	20	7.11
江边乡	523	523	0	0.00％	576	576	0	0.00％	634	634	0	0.48

结果表明：预计到 2030 年，80％保证率下的供水量为 36598 万 m^3，比"一次平衡"方案增加供水量 7042 万 m^3，水资源供需达到平衡。

2030 年，在 95％保证率下，需水量为 39815 万 m^3，供水量为 39166 万 m^3，比"一次平衡"方案增加供水量 9461 万 m^3，但仍有部分缺水，缺水量为 649 万 m^3，缺水率分别为 1.63％。少量缺水的主要原因是农业灌溉缺水，特别是枯水年，农田灌溉需水增加，超出水利工程设计保证率。

5.4 水资源配置

5.4.1 河道内外水资源配置

水资源的可耗损量，除了受本地地表水和地下水可利用量与可开采量的限制外，还必须控制在环境承载能力的范围内，这样才能避免破坏自然生态环境，实现人与自然的和谐。

在基准年，河道内需水基本上没有得到考虑，导致河道内生态需水量受到严重挤占。根据河道内外水量配置成果，为了维护河流健康、促进水生态修复并满足下游生态用水需求，规划提出了 6 个控制节点的河道内需水成果，作为河道内讯、枯水期生态流量控制指标。其中，甸溪河尤家寨汛期的控制下泻流量为 4.07 m^3/s，枯水期的控制下泻流量为 1.36 m^3/s。各断面指标如表 5-11 所示。此外，为确保湖泉、红河水乡和庆来公园等湖泊公园湿地的生态需水得到满足，这些湿地的生态耗水量主要由大树龙潭补给，多年平均补水量为 155 万 m^3，枯水年的补水量为 220 万 m^3。

表 5-11 弥勒市各主要断面生态流量控制指标

水系名称	河流名称	断面名称	汛枯期	控制下泄流量/(m³/s)
南盘江	甸溪河	太平水库	枯期	0.52
			汛期	1.74
	白马河	雨补水库	枯期	0.48
			汛期	1.45
	花口河	洗洒水库	枯期	0.30
			汛期	0.81
	甸溪河	尤家寨	枯期	1.36
			汛期	4.07
	大可河	龙泉水库	枯期	0.05
			汛期	0.09
	野则冲河	可乐水库	枯期	0.05
			汛期	0.09

基准年河道外,在80%保证率下,水资源配置总量为25842万 m³,占本地多年平均水资源量的23.39%;到2030年,在80%保证率下,水资源配置总量为36598万 m³,占本地多年平均水资源量的33.12%,较基准年增加41.62%,水资源开发利用程度进一步提高,满足经济社会发展需求。

5.4.2 区域城乡水资源配置

到2030年,弥勒市在50%、80%、95%的保证率下的供水量分别为33648万 m³、36598万 m³、39166万 m³。不同保证率下,河道外水资源配置成果如表5-12所示。

表 5-12 弥勒市不同行业各频率用水配置成果表　　　　　　　　（单位:万 m³）

乡镇	保证频率	供用水量	供水量			需水量							
			地表水	地下水	调水	城镇生活	农村生活	工业	建筑业	第三产业	生态	林牧渔	农田灌溉
弥勒市	$P=50\%$	33648	33027	621	0	2710	551	8136	388	522	1564	2107	17672
	$P=80\%$	36598	35977	621	0	2710	551	8136	388	522	1564	2107	20623
	$P=95\%$	39167	38546	621	0	2710	551	8136	388	522	1564	2107	23190
弥阳镇	$P=50\%$	12417	12224	193	0	1055	216	6479	201	269	821	404	2973
	$P=80\%$	12915	12722	193	0	1055	216	6479	201	269	821	404	3471
	$P=95\%$	13422	13229	193	0	1055	216	6479	201	269	821	404	3978
新哨镇	$P=50\%$	3967	3894	73	0	186	38	288	54	72	119	345	2890
	$P=80\%$	4452	4379	73	0	186	38	288	54	72	119	345	3374
	$P=95\%$	4860	4787	73	0	186	38	288	54	72	119	345	3782

乡镇	保证频率	供用水量	供水量			需水量							
			地表水	地下水	调水	城镇生活	农村生活	工业	建筑业	第三产业	生态	林牧渔	农田灌溉
虹溪镇	$P=50\%$	1900	1792	108	0	185	38	40	23	29	61	199	1326
	$P=80\%$	2120	2012	108	0	185	38	40	23	29	61	199	1547
	$P=95\%$	2361	2253	108	0	185	38	40	23	29	61	199	1787
竹园镇	$P=50\%$	3398	3337	61	0	263	53	344	59	78	160	241	2199
	$P=80\%$	3768	3707	61	0	263	53	344	59	78	160	241	2568
	$P=95\%$	4150	4089	61	0	263	53	344	59	78	160	241	2951
朋普镇	$P=50\%$	3105	3067	38	0	221	45	643	17	24	191	266	1699
	$P=80\%$	3392	3354	38	0	221	45	643	17	24	191	266	1986
	$P=95\%$	3703	3665	38	0	221	45	643	17	24	191	266	2297
巡检司镇	$P=50\%$	2896	2856	40	0	137	28	213	8	12	41	184	2273
	$P=80\%$	3278	3238	40	0	137	28	213	8	12	41	184	2655
	$P=95\%$	3432	3392	40	0	137	28	213	8	12	41	184	2809
西一镇	$P=50\%$	712	681	31	0	117	24	17	3	4	25	73	450
	$P=80\%$	788	757	31	0	117	24	17	3	4	25	73	527
	$P=95\%$	845	814	31	0	117	24	17	3	4	25	73	584
西二镇	$P=50\%$	1730	1708	22	0	182	37	23	6	9	45	146	1282
	$P=80\%$	1942	1920	22	0	182	37	23	6	9	45	146	1495
	$P=95\%$	2133	2111	22	0	182	37	23	6	9	45	146	1685
西三镇	$P=50\%$	950	922	28	0	106	21	34	3	5	23	64	682
	$P=80\%$	1061	1033	28	0	106	21	34	3	5	23	64	793
	$P=95\%$	1115	1087	28	0	106	21	34	3	5	23	64	847
东山镇	$P=50\%$	892	892	0	0	101	20	39	6	8	28	59	631
	$P=80\%$	994	994	0	0	101	20	39	6	8	28	59	734
	$P=95\%$	1052	1052	0	0	101	20	39	6	8	28	59	791
五山乡	$P=50\%$	1159	1159	0	0	87	18	16	3	4	17	60	942
	$P=80\%$	1313	1313	0	0	87	18	16	3	4	17	60	1096
	$P=95\%$	1460	1460	0	0	87	18	16	3	4	17	60	1243
江边乡	$P=50\%$	523	495	27	0	70	14	1	6	7	33	67	325
	$P=80\%$	576	549	27	0	70	14	1	6	7	33	67	378
	$P=95\%$	634	607	27	0	70	14	1	6	7	33	67	436

到 2030 年,在 80% 保证率下,乡镇供水量 13318 万 m³,农村供水量 2173 万 m³,城乡农村供水比例由基准年的 22.73∶77.23 调整为 36.39∶63.61,乡镇供水量所占的比例逐步增加。

5.4.3 不同水源水资源配置

弥勒市整体供水保障程度较高,局部少量缺水。基准年供水水源以地表水供水为主,在80%保证率下,地表水供水量达到23916万 m³,占可供水总量的97.47%;地下水供水量638万 m³,占可供水总量的2.53%。考虑到弥勒市现状蓄水工程建设分布不均且数量不足,未来继续以发展中小型蓄水工程为主。如表5-12所示。到2030年,地表水供水量将达到35977万 m³,占可供水总量的98.68%,其中蓄水工程可供水量将达到26716万 m³,占可供水总量的79.4%,基本实现以蓄为主,"蓄、引、提"均衡发展。

5.4.4 不同用水户水资源配置

如表5-12所示,到2030年,在80%保证率下,生活用水量、工业用水量、建筑业用水量、第三产业用水量、农业用水量和生态用水量分别为3261万 m³、8136万 m³、388万 m³、522万 m³、22729万 m³和1564万 m³,分别占总供水量的8.94%、22.32%、1.06%、1.43%、62.34%和4.29%。

5.4.5 重点配置工程

1. 弥阳灌区骨干水库连通工程

弥勒市境内东西多山,中部低凹,地势北高南低。群山环抱中,形成了一狭长的平坝和丘陵地带,山脉和河流多由北向南延伸。弥勒市中部是该市工业发展中心区域,汇集了三大坝子(弥阳坝、竹朋坝和虹溪坝),同时也是人口密集区域,以及未来滇中城市经济圈和滇南中心城市群的重点发展区域。到2030年,现状工程条件下,中部地区缺水量将达到8736万 m³,现状工程不能满足弥勒市社会经济的发展需求。弥阳镇集中了弥勒市的三座中型水库工程,兴利库容总计超过1.2亿 m³,供水能力远超弥阳镇的实际需求。通过新建连通工程,可以充分发挥三大水库的供水能力,同时可满足中南部地区的用水需求。连通工程后中部区域供需分析情况如表5-13所示。

表5-13 弥阳灌区骨干水库连通工程涉及中部区域的供需分析表 （单位:万 m³）

方案	保证率	需水量	供水量	缺水量	缺水率/(%)
基准年	$P=50\%$	17976	17976	0	0.00
	$P=80\%$	19561	19370	191	0.98
	$P=95\%$	20536	20154	382	1.86
零方案	$P=50\%$	25008	15891	9117	36.46
	$P=80\%$	26833	16936	9897	36.88
	$P=95\%$	28822	17344	11478	39.82
一次方案	$P=50\%$	24058	21758	1652	6.87
	$P=80\%$	25755	23600	2155	8.37
	$P=95\%$	27606	24234	3372	12.21

方案	保证率	需水量	供水量	缺水量	缺水率/(%)
	$P=50\%$	24058	24058	0	0.00
二次方案	$P=80\%$	25755	25755	0	0.00
	$P=95\%$	27606	27331	275	1.00

弥阳灌区骨干水库连通工程贯穿弥勒市整个中部地区,覆盖弥阳镇、新哨镇、竹园镇、虹溪镇和朋普镇。该连通工程充分利用现有的太平水库、洗洒水库和雨补水库3座中型水库,按照东西两干渠,分别向两侧进行延伸,西干渠自流串联沿途的鸡街铺水库、迎春水库等多个小型水库,随后提水100 m左右到虹溪镇招北水库,沿途连接丫勒水库、白云水库和杨梅冲水库,有效解决虹溪镇的供水和灌溉问题。同时为充分利用虹溪镇三个中型水库的洪水资源并满足下游朋普镇的用水需求,工程继续向南顺流连接朋普镇的者圭水库、黑果坝水库等蓄水工程。西线工程主要解决甸溪河右岸区域供水灌溉问题,而东干渠从太平水库引出,串联东部小型水库,自流至小姑居水库、龙母沟水库、石牛塘水库、小黑箐水库以及歪者山水库,以解决甸溪河左岸涉及竹园朋普地区的供水和灌溉问题。连通工程线路图如图5-4所示。该工程最大限度的利用弥勒市现有水库工程,提高了北部3大中型水库的利用率,发挥各蓄水工程的最大供水能力。同时,充分利用洪水资源,形成全覆盖供水布局。这不仅增强本地水资源调配能力,还实现一水多用,提高了灌溉和供水效益,提升了水资源利用效率和综合效益。通过这一系列措施,有效解决弥勒市南北供水能力不均衡的问题,确保弥勒市三大坝子的灌溉和供水安全。

弥阳灌区骨干水库连通工程的主要任务为供水和灌溉。规划表明,工程建成投用后将显著提高弥阳镇和新哨镇的城镇供水安全,同时满足弥阳灌区的灌溉用水需求。规划中的东延线引水流量1.16 m³/s,旨在解决竹园镇和朋普镇的3.25万人供水安全,以及新增和改善2.08万亩农田的灌溉问题。规划中的西延线引水流量2.38 m³/s,可解决虹溪镇2.34万人供水安全,并新增和改善3.7万亩农田的灌溉问题。再辅以区域内的引提水工程、小型水库和坝塘工程,基本可以解决弥勒市中部地区社会经济发展和农田灌溉的水资源需求空缺。

2. 龙泉水库

西一镇和西二镇位于南盘江干流及其支流甸溪河的分水岭地带,资源性缺水相对严重。路龙河上中游地区水利化程度低,工程性缺水问题也比较突出。路龙河干流两岸耕地相对集中,但区域内农田水利设施十分薄弱。现有水库为小(二)型或零星分布的小坝塘,大多数稻田无灌溉设施。一旦发生干旱,水稻就大面积减产,严重影响地区粮食安全。农灌及人畜用水也紧张,建设龙泉水库工程意义重大。该项目可发展灌溉面积2.56万亩,解决灌区范围内1.01万人和3.26万头牲畜的饮水问题。水库的兴建不仅可以打造高产稳产农田,还可以解决灌区内人畜饮水困难的问题。因此,推进龙泉水库建设显得十分迫切和必要。

(1)工程水文。

依据尤家寨水文站1963—2013年共50年的逐年天然水文年径流系列资料,通过P-Ⅲ曲线频率分析计算,得出尤家寨水文站水文年多年平均径流量为49351万 m³,$C_v=0.45$,$C_s/C_v=2.0$。龙泉水库坝址控制断面的集雨面积为56.2 km²,根据流域多年平均面雨量与集雨面积的修正公式,得出坝址处的多年平均径流量为1480万 m³。

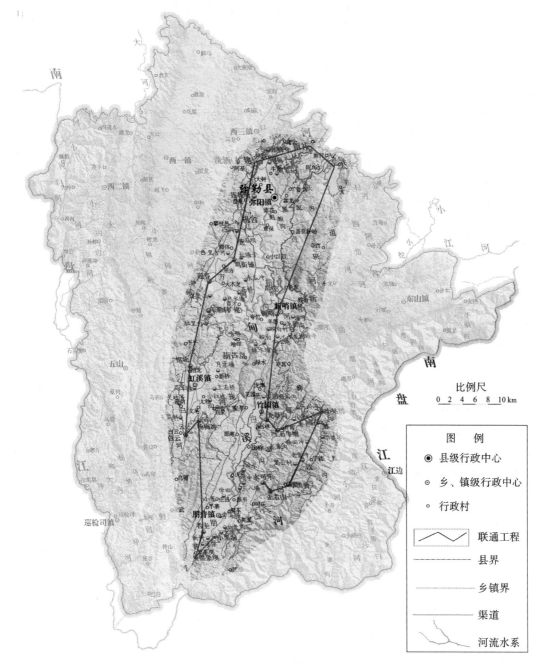

图 5-4　弥阳灌区骨干水库连通工程线路图

　　由于龙泉水库工程所在的大可河流域缺乏可用的实测洪水资料,根据现有资料条件,按照《水利水电工程设计洪水计算规范》(SL44)的规定,我们可以充分利用实测的暴雨资料和经批准的暴雨洪水查算图标,采用暴雨洪水法来推求水库的设计洪水。参考《云南省暴雨洪水查算实用手册》和流域特征值,查算了坝址处的暴雨洪水点面折减系数、暴雨分区综合概化雨型及产汇流参数。经计算,水库坝址处 1000 年一遇的洪峰流量为 285 m³/s,对应的 24 小时最大洪量为 917 万 m³;50 年一遇的洪峰流量为 178 m³/s,对应的 24 小时最大洪量为 550 万 m³。设计洪水成果见表 5-14。

表 5-14 本坝址和两引水区处设计洪水成果

项目	设计频率				
	$p=0.1\%$	$p=0.2\%$	$p=2\%$	$p=5\%$	$p=10\%$
设计洪峰流量/(m³/s)	285	259	178	140	111
24 小时最大设计洪量/(万 m³)	917	825	550	430	340

大可河流域内无实测泥沙资料。本阶段采用《云南省 2004 年土壤侵蚀现状遥感调查报告》中的相关图集,估算多年平均入库沙量。龙泉水库所在径流区大部分属于微度侵蚀区。经量算,水库坝址以上径流区的微度侵蚀区面积为 38.2 km²,轻度侵蚀区面积为 16.7 km²,中度侵蚀区面积为 1.3 km²。根据龙泉水库流域实际情况,该径流区微度土壤侵蚀模数取 500 t/(km²·a),轻度土壤侵蚀模数取 1500 t/(km²·a),中度土壤侵蚀模数取 3750 t/(km²·a),且推移质按悬移质的 15% 计算,经估算,龙泉水库坝址处的多年平均输沙总量为 4.90 万 t,其中悬移质多年平均输沙量为 4.26 万 t,推移质多年平均输沙量为 0.64 万 t。

(2)工程任务与规模。

龙泉水库是一座旨在解决灌溉、农村饮水等问题的综合利用工程。根据规范要求,我们确定农村饮水设计保证率为 90%,灌溉设计保证率为 80%,生态补水保证率为 90%,设计水平年为 2030 年。

①需水。

龙泉水库覆盖西二镇的四道水、糯租、茂卜、路龙等 4 个村民委员会,共计 1.01 万人,大小牲畜 3.26 万头(只)。按定额法预测,农村人饮按 70 L/(人·天)计算,大牲畜用水定额按 35 L/(头·天)计算,小牲畜用水定额按 15 L/(头·天)计算,人畜饮水量为 58.55 万 m³,其中农村生活需水 30.92 万 m³、牲畜需水 27.63 万 m³。目前,农村人畜引水仅仅依靠小型引水工程解决,用水保证率不高,存在饮水安全隐患。规划中的龙泉水库建成后,可通过灌溉渠道向这 4 个村供水。

龙泉水库灌溉覆盖范围包括西二镇境内南盘江支流木梳井河流域、小河门河流域,涉及西二镇的四道水、糯租、茂卜、路龙等 4 个村。耕地相对集中连片,总耕地面积 2.65 万亩,其中水田 0.86 万亩,旱地 1.79 万亩,总耕地分为两大片,分别为路龙河片(0.03 万亩)和小河门河片(2.62 万亩)。

根据弥勒市的种植结构、作物轮作制度和耕种方式,选取水田、旱地代表作物进行需水预测。2030 年,综合考虑《云南省地方标准用水定额》和《节水灌溉工程技术规范》的要求,以及当地实际情况,得出了灌溉水利用系数中型灌区不小于 0.68,到规划水平年 2030 年,灌溉水利用系数中型灌区取 0.75。依据以上方法,80% 保证率下的龙泉水库农田灌溉总需水量为 1169 万 m³。

在分析范围内,2030 年总需水量为 1228 万 m³,人饮及牲畜用水 58.55 万 m³,占总用水量的 4.8%,农田灌溉需水量 1137 万 m³,占总用水量的 95.2%。

②供水及供需平衡分析。

经统计,规划范围内已建有大沙地、住莫、滑石板 3 座小(二)型水库,水库设计总供水量 37 万 m³。通过对灌区内现有灌溉工程挖潜配套以及对灌溉渠道进行衬砌,现有工程最大供水能力仅为 37 万 m³,其他工程供水量为 18 万 m³。在 2030 年 80% 保证率下,缺水量为 1173 万 m³,大部分为农田灌溉用水。由此可见,现状工程远不能满足未来经济社会发展的需求,为了保障粮食安全生产,必须建设新的水源工程。

目前,西二镇的农田灌溉和四道水、糯租、茂卜、路龙等 4 个村委会的 1.01 万人仅依靠临时小型的引水工程,用水保证率不高。龙泉水库建成后,将承担 2.56 万亩的农田灌溉需水,通过引水渠道向这 4 个村委会供水,供水量为 58.55 万 m^3,龙泉水库总承担水量为 1195 万 m^3。

③规模。

根据计算,水库总库容 1323.4 万 m^3,对应校核洪水位 1765.2 m;兴利库容 943 万 m^3,相应正常蓄水位 1764 m;死库容 239 万 m^3,死水位 1746.9 m。

5.5 节约用水

5.5.1 节水水平与节水潜力

1.农业

弥勒市各灌区干、支渠防渗工程基本完成,并积极推行滴灌、喷灌等高新节水技术,然而现状毛灌溉综合用水定额为 784 m^3/亩,高于云南省平均用水量(532 m^3/亩)与全国平均用水量(435 m^3/亩),说明区域现代农业灌溉用水方面有待进一步提高。全市灌溉水利用系数仅为 0.53,相较于国内节灌率较高的北京市(0.83)以及国际上广泛应用喷、微灌等高新节水灌溉技术的以色列(0.85)、德国(1)等国家,弥勒市的农业节水灌溉技术还有待提高。弥勒市在农业节水方面还有一定的潜力。

2.工业

经调查分析,弥勒市工业综合用水定额为 37.8 m^3/万元,低于云南省平均值,也低于全国平均值,区域工业用水水平较高;与深圳、上海等全国先进地区相比,还有一定的节水潜力。

3.生活

弥勒市城镇生活用水定额为 110 L/(人·日),且呈逐年增加的趋势。城镇生活用水定额的提高是由于城镇居民生活水平不断提高,供水管网普及率不断提升以及家庭用水设施不断增加的结果。城市供水管网的漏失率基本在 14% 左右,而国外先进水平基本都在 10% 以内,差距较大。

5.5.2 存在的主要问题

1.农业节水

(1)农业节水工程分散,尚未形成规模,田间整治整体水平不高,缺乏对节水灌溉的统一规划,导致节水区域发展不平衡,影响节水工程效益的有效发挥。

(2)计划用水管理水平较低,相当部分农田灌溉沿用传统漫灌,生产效率较低,节水意识淡薄。

(3)重视工程措施建设,但普遍忽视农业技术和管理节水增产增效措施的配套建设,导致先进喷滴灌技术发展缓慢,标准不高;缺乏部门间开展节水灌溉的合作机制,影响节水、增产、增效作用的充分发挥。

(4)重建轻管现象比较普遍。对节水工程建后管理重视不够,节水设施维护管理责任落实不够,节水设备寿命短、报废率高,未能充分发挥效益。

(5)对节水灌溉技术的研究相对滞后,缺少专门的研究机构和设备生产厂家,导致喷滴灌工程投资成本高,设备性能和质量与用户要求也存在较大差距,推广服务体系较薄弱,还缺乏对节水效果评价的监测体系。

2.工业节水

(1)水源管理有待加强。企业生产用水相当一部分依靠自备水泵房抽取地表、地下水,自备水源供水比重过大,需加强对工业企业的自备水水源管理。

(2)用水计量管理薄弱。除自来水公司和一些重要的骨干水利工程(主要指大中型水库工程)具有供水计量设施外,许多企业自备水源以及一些小型水库工程均普遍缺少计量设施,导致生产用水量主要取决于企业生产需求。

(3)尚未建立节水用水的激励机制。目前,开源增加供水的费用由国家开支,而节水措施的费用由企业承担,缺乏必要的节约奖励、超额惩罚政策。

(4)工业节水信息零散、没有专门的统计渠道,以及数据统计口径不一,给评估工业节水状况和编制节水规划带来很大困难。

3.城镇生活节水

(1)居民节水意识薄弱,公共用水管理需要加强。居民生活中浪费水现象比较严重,对公共用水缺乏有效计量,第三产业行业用水定额尚不明确,节水意识亟待加强。

(2)用水计量存在盲区,仅部分城市管网漏失率较高。用水计量尚未覆盖所有用水户,由于存在用水计量盲点(区),将未控用水量计入漏失水量导致部分城镇管网漏失率偏大。

(3)节水器具普及率较低,节水器具推广的力度有待加强。

(4)居民生活用水水价偏低,城市综合水价整体较低。

5.5.3　节水方案与措施

5.5.3.1　农业节水

1.农业节水发展目标

以保持农业和生态环境可持续发展为前提,提高农业用水效率为主线,对现有灌区的节水改造为重点,实行总量控制和定额管理,倡导提高灌溉水利用率和提高农田生产效率并重,实现节水、增产、增效、增收目标。至2030年,高效节水灌溉面积将达35万亩,灌溉水利用系数由现状的0.53提高到0.75。

2.农业节水措施

为了达到上面提出的农业节水目标,必须采取以下基本措施:

(1)以节水增产为目标对灌区进行技术改造。弥勒市不少灌区都是20世纪50年代修建的,由于工程老化失修,灌溉效益衰减,灌溉用水浪费严重。因此,要根据当地自然条件、水资源、农业生产和社会经济特点,以节水、高效为目标,对灌区实施"两改一提高",即改革灌区管理体制,改造灌溉设施和技术,提高灌溉水的有效利用率。重点放在弥阳灌区、竹园朋普灌区等现有大中型灌区,加强渠道防渗、建筑物的维修更新和田间工程配套。

(2)因地制宜加快发展节水灌溉工程。在节水增效示范项目的建设中,因地制宜的分别推广发展管道输水、渠道防渗、喷灌、微灌、水稻浅湿灌、改进沟畦灌、膜上灌等工程节水措施。

(3)加强用水定额管理,推广节水灌溉制度。在加强工程管理的同时,根据已经制定的主要农作物的节水定额合理控制灌溉水量。积极研究和推广适宜的节水灌溉制度,将有限的水资源集中用于农作物关键的用水期,以扩大灌溉面积,实现灌溉总体效益最大化。优先推广用水计量设备,实现斗渠计量控制。

(4)平田整地开展田间工程改造。地面灌溉是流域内目前采用最多的一种灌水方式,预计今后相当长的一段时间内仍将占主导地位。据分析,地面灌溉用水损失中,田间部分损失占到35%左右,说明田间节水潜力很大。造成田间用水损失的原因是畦块过大、地块不平,致使灌水不均匀和深层渗漏严重。实施田间工程改造是一种投资少、效益显著的策略,节水增产效果良好。

(5)大力推广节水农业技术。节水农业技术措施包括抗旱节水品种、地膜覆盖、少耕免耕、节水增产栽培、农业结构调整等,这些措施都具有投资少、节水增产效果显著、技术成熟等特点,推广前景广阔。如在灌区方面,可以调整种植结构,推广节水灌溉、水旱轮作和低耗水作物;在雨养农业区,大力发展旱作节水农业,通过实施坡改梯、集雨补灌、深沟埋肥、秸秆覆盖等措施。

5.5.3.2 工业节水

1. 工业节水发展目标

依据水资源供需平衡为原则,实行工业用水总量控制,逐步推进用水大户和污染大户的节水改造,由点到面全面提升。调整产业结构,限制高用水、高污染工业项目建设,大力推进技术水平升级和产品的更新换代。着力提高工业内部循环用水比例,提高水的重复利用率,使万元工业产值用水量由基准年的 37.8 m^3 降低至 2030 年的 19.8 m^3。通过各种行政手段,加强用水管理、计划用水,严格控制废污水的排放,逐步降低工业用水增长率。

2. 工业节水措施

为了达到上面提出的工业节水目标,必须采取以下基本对策。

(1)控制生产力布局,促进产业结构调整。加强建设项目水资源论证和取水许可管理,限制缺水地区高耗水项目上马,禁止引进高耗水、高污染工业项目。以水定产,以水定发展,积极鼓励和发展节水的产业和企业,通过技术改造等手段,加大企业节水工作力度,促进各类企业向节水型方向转变。新建的企业必须采用节水技术,逐步建立行业万元国民生产总值用水量的参照体系,促进产业结构调整和节水技术的推广应用。

(2)根据拟定的行业用水定额和节水标准,对企业用水进行目标管理和考核,促进企业技术升级、工艺改革和设备更新,逐步淘汰耗水大、技术落后的工业设备,降低万元用水量及提高重复利用率。

(3)推进清洁生产战略,注重清污分流,加快污水资源化步伐,促进污水、废水处理回用;对废污水排放征收污水处理费,实行污染物总量控制;采用新型设备和新型材料,提高循环用水浓缩指标,减少取水量。

(4)强化企业内部用水管理和建立完善三级计量体系,加强用水定额管理,改进不合理用水因素。

(5)制定合理的水价,运用经济手段推动节水的发展。

5.5.3.3 城镇生活节水

1. 城镇生活节水发展目标

生活用水发展控制在与经济发展水平和生活条件相适应的标准内,同时考虑人口和资源条件对水资源需求和供给的限制。生活节水的重点在城市,逐步向城镇推进。以创建节水型城市为目标,大力开展城市节约用水活动,积极推广节水型用水器具。通过强化管理,提高生活用水效率,降低城镇供水管网漏失率至7%。

2. 城镇生活节水措施

(1)实行计划用水和定额管理。要根据分类分地区制定的科学合理的用水定额,逐步扩大计划用水和定额管理制度的实施范围,针对城镇居民用水实施管理。针对不同类型的用水,实施不同的水价,以价格杠杆促进节约用水和水资源的优化配置。通过经济手段强化计划用水和定额管理力度,鼓励用水单位采取节水措施。对超计划用水的单位,给予一定的经济处罚。居民住宅用水彻底取消"包费制",全面实现分户装表,计量收费,逐步采用接地式水价或两部制水价方式,以提倡合理用水,杜绝跑、冒、滴、漏等浪费现象。

(2)必须加快城市供水管网技术的改造,降低输配水管网漏失率。研究确定城镇自来水管网漏失率的控制标准和检测手段,并明确限定达标期限。根据现状完备的供水管网技术档案,制定管网改造计划。

(3)加大城镇生活污水处理和回用力度,在部分地区推广"中水道"技术。在城镇改建和扩建过程中,积极安排污水回用设施的建设。大型公共建筑和供水管网覆盖范围外的自备水源单位都应建设中水系统,可以在试点基础上逐步扩大居住小区中水系统建设的推行实施范围。

(4)通过宣传教育强化节水观念。节水宣传教育对于强化节水观念、改变人们不良用水行为和方式具有重要意义。它在节约用水,特别是在节约生活用水中,具有不同于技术手段、经济手段和管理手段的特殊作用。节水宣传教育主要着眼于长期潜移默化地影响人们,而不仅仅是依靠短期强化宣传。国内外实践表明,运动式节水强化宣传只能获得暂时节水效果,可考虑将其作为一种节水应急措施。我们应继续坚持城市节水宣传周活动,以此提高全社会节水意识。

6 供水规划

6.1 乡镇供水规划

6.1.1 供水现状及存在问题

1. 供水现状

2015 年,弥勒市共有 10 镇 2 乡,城镇人口 22.36 万人,占全市总人口 41.6%,城镇化水平相对较高,高于全州平均水平(25.6%)。

近几十年,弥勒市开始着手解决县城所在地和其他各乡镇饮水问题,到 2015 年底,全市各乡镇初步形成了供水体系,大部分乡镇均实现了自来水供水,集镇所在地基本建成以蓄水工程为主的供水保障工程,但部分乡镇以引水工程为主。2015 年,城镇总供水量为 6508 万 m³,基本满足现状用水需求。

2. 存在问题

随着城镇化及工业化发展,现状工程难以满足未来发展需求,通过对 12 个乡镇现状进行调查发现供水均不同程度存在问题,主要表现在以下方面。

(1)部分城镇供水能力不足。

城市水源结构单一是目前弥勒市较普遍和突出的问题,一旦出现突发事故,供水保障将受到严重威胁,确保城镇供水安全尤显重要。虹溪镇、巡检司镇、西三镇等乡镇选择过境河流、泉水作为供水水源,在当前人口不是特别多、工业生活的排污污染不是太严重、水资源相对丰富的情况下,可以满足要求,但随着经济的发展、生活水平进一步提高,人们对饮用水的要求不断提高,就会难以满足日益增长的用水需求。

(2)工程老化严重,用水效率低下。

从调查情况看,区域内的工程安全状况也在一定程度上影响到供水保障,目前存在的主要问题有部分供水工程老化失修、水库淤积等,这些非水源性原因导致取、蓄水能力衰减,供水保证率降低。

(3)供水保证率低。

市内 12 个乡镇中有 4 个乡镇以地下水或山泉水为供水水源,4 个乡镇水源以小水源或引水工程为主,在遇干旱年份时,河流水量较少,城镇供水保证率较低,影响城镇经济社会的发展。

6.1.2 城镇供水目标与布局

1. 供水目标

在现状的基础上,进一步优化城镇供水格局,提升城镇供水保障程度。根据《村镇供水工程技术规范》(SL310—2004)、《城市给水工程规划规范》(GB50282)等相关规范,弥勒市各乡镇供水保证程度达到95%。规划结合各乡镇高程、地形、河流分布等条件,县城所在地弥阳镇有中型水库以上水源工程,每个乡镇都有一个小(一)型水库以上水源工程保障,有条件区域规划备用水源,满足城镇2030年需水要求。

2. 供水布局

围绕弥勒市城镇化总体布局、各乡镇发展总体要求以及弥勒工业园区建设内容,结合城镇供水水源条件,打造弥勒市特色供水格局。

弥勒坝区包括弥阳镇、新哨镇、竹园镇、朋普镇和虹溪镇,是弥勒市政治、经济文化中心,主要构建互联互通为特色的大供水格局。围绕弥勒坝区建设需求,以弥阳镇为中心,以洗洒、太平、雨补水库工程为主线,构建坝区城镇供水轴线;坝区以外的东西部地区以山区为主,主要构建多水源保障的各乡镇独立供水格局,各乡镇根据自身水源特点,以乡镇为中心,有条件的乡镇尽量与周边农村水源互联互通,无条件的乡镇尽量形成多水源供水保障布局。

6.1.3 需水预测

1. 经济社会指标发展预测

根据弥勒市产业布局,未来全市工业、建筑业以及第三产业主要布置在乡镇上,乡镇经济社会发展指标将发生快速增长。根据《弥勒市城市总体规划》,结合全市国民经济社会发展现状及历史发展趋势,预测至2030年,全市城镇人口达到60.38万人,工业增加值将达到742亿元,建筑业增加值达到36.1亿元,第三产业增加值达到228.1亿元。

2. 需水量预测

根据《云南省地方标准用水定额》中的相关规定以及《云南省水资源综合规划水资源配置阶段报告》中的相关规划成果,并参考珠江流域水资源综合规划的成果,结合弥勒市现状用水水平,确定城镇生活、工业增加值、建筑业增加值和第三产业增加值的基准年和规划水平年的用水定额,采用定额法预测未来需水量。经预测,基准年总需水量为6507.6万 m^3,2030年总需水量为13163.5万 m^3。需水成果见表6-1。

表6-1 各乡镇不同水平需水预测表 (单位:万 m^3)

分区	水平年	工业	建筑业	第三产业	城镇生活	生态环境需水	总需水量
弥阳镇	基准年	3450.6	131.6	167.4	458.4	342.4	4550.4
	2030年	6478.5	201.0	269.3	1055.0	821.0	8824.8
新哨镇	基准年	203.6	35.2	44.5	66.8	49.9	400.0
	2030年	287.9	53.8	71.6	185.9	118.6	717.8
虹溪镇	基准年	30.6	14.8	18.2	47.0	35.1	145.7
	2030年	40.0	22.6	29.3	184.9	60.6	337.4
竹园镇	基准年	260.0	38.9	48.5	135.5	101.2	584.1
	2030年	344.4	59.4	78.1	262.7	160.5	905.1
朋普镇	基准年	33.9	11.1	15.2	141.5	105.7	307.4
	2030年	642.6	17.0	24.4	220.7	191.0	1095.7

分区	水平年	工业	建筑业	第三产业	城镇生活	生态环境需水	总需水量
巡检司镇	基准年	172.2	5.6	7.6	27.6	20.6	233.6
	2030 年	213.0	8.5	12.2	136.8	41.2	411.7
西一镇	基准年	13.3	1.9	2.5	14.2	10.6	42.5
	2030 年	16.6	2.8	4.1	116.8	25.1	165.4
西二镇	基准年	16.3	3.7	5.6	25.5	19.0	70.1
	2030 年	22.8	5.7	8.9	182.1	44.9	264.4
西三镇	基准年	24.1	1.9	3.0	11.9	8.9	49.8
	2030 年	34.1	2.8	4.9	106.3	22.8	170.9
五山乡	基准年	12.3	1.9	2.5	13.8	10.3	40.8
	2030 年	16.0	2.8	4.1	87.3	17.1	127.3
东山镇	基准年	29.3	3.7	5.1	7.3	5.5	50.9
	2030 年	38.5	5.7	8.1	100.9	28.1	181.3
江边乡	基准年	1.0	3.7	4.0	13.3	10.0	32.0
	2030 年	1.3	5.7	6.5	70.4	32.8	116.7
合计	基准年	4247.2	254.0	324.1	962.8	719.2	6507.3
	2030 年	8135.7	387.8	521.5	2709.8	1408.7	13163.5

6.1.4 各乡镇供水方案

城镇供水原则上以集中供水为主,在现有供水设施基础上,根据周边水源条件、水资源开发利用及水质状况、水资源保护及管理的需要,进行水平年供水规划,解决各乡镇驻地供水问题。根据弥勒市内各乡镇自然地理、水源地分布、用水量情况,对主要集镇的供水水源作如下规划。

1. 弥阳镇

弥阳镇位于弥勒市东部,是弥勒市人民政府驻地,是全市政治、经济、文化中心。境内最高海拔 2217 m,最低海拔 1260 m。2015 年,弥阳镇城镇人口 10.65 万人,工业增加值 131.66 亿元,建筑业、第三产业增加值 40.2 亿元,用水量达到 4572.2 万 m³。目前城镇供水水源是洗洒水库、大树龙潭和花口龙潭。洗洒水库是一座中型水库,总库容 1604 万 m³,现状任务以农田灌溉和市区生活供水为主;大树龙潭属地下泉水,水质良好,在枯水季节泉水经消毒后即符合饮用水标准,最大流量 4.0 m³/s,但出水口高程 1460 m 水位较低,现以农灌用水和生态用水为主,仅有少量供给城市及农村居民用水。根据供需平衡分析,现状能够满足供水需求。

根据《弥勒市城市总体规划》,未来弥勒市区将依托与昆明、滇南中心城市群的协作,在基础设施建设、产业发展与布局、区域市场、城乡建设与生态建设等方面谋求一体化。空间布局上形成"南跨北延,完善主城,建设新城"的空间拓展战略,即跨越蚂蝗沟发展中心城区南部组团,主城区向北适度延伸发展;逐步完善主城区用地布局结构,重点建设工业园组团和火车站组团,发展成为昆河经济走廊的产业集群化发展示范基地、滇南新兴的旅游城市。产业发展以烟草及其配套、煤电及煤化工、旅游、生物资源创新开发、酿酒、新材料及高新技术产业为主。随着社会经济的发展和弥勒工业园区——弥阳工业片、小星田工业片的建设,到 2030 年,弥勒市区城镇总人口将达到 23.63 万人,二三产业增加值也将达到 527 亿元。

随着弥勒市区经济社会的快速发展,市区对水资源的需求也是突飞猛进。据预测,到2030 年,市区需水 8824.7 万 m³,较现状年增加了 4274.3 万 m³,主要为工业用水激增,由现状年的 3450.6 万 m³ 增加到 2030 年的 6478.5 万 m³。由于洗洒水库及枯水期的大树龙潭最大供水能力为 3428 万 m³,无法满足 2030 年弥阳镇的用水需求。洗洒水库具备良好的地质、库容条件,为提高供水安全保障程度和调控能力,规划扩建洗洒水库以支撑弥阳镇未来经济发展。根据弥阳镇所在高程分布、周边地形条件以及水资源条件,遵循先蓄水自流、后提水的原则,将目前是城市备用水源的雨补水库规划作为城市供水水源。规划水平年,增加洗洒水库、清水龙潭和太平水库的城镇居民供水量,其中洗洒水库供水量 1505 m³,清水龙潭供水量 803 万 m³,大树龙潭等地下水供水量 3035 万 m³,太平水库供水量 1880 万 m³,雨补水库供水量 1550 万 m³,其他地下水供给量 52 万 m³,合计 8825 万 m³,达到供需平衡。

2. 竹园镇

竹园镇位于弥勒市南部,地处甸溪河沿岸,距离弥勒市区 37 km,属坝区和半山区地貌,盛产蔬菜、粮食、甘蔗等,素有"甘蔗之乡、莲藕之乡"的美誉。2015 年,竹园镇城镇人口 3.15万人,工业增加值 9.61 亿元,建筑业、第三产业增加值 11.7 亿元,用水量达到 584.2 万 m³。目前城镇供水水源是黑龙潭,黑龙潭位于竹园镇龙潭村委员会,是弥勒市流量最大的岩溶大泉,动态变化小,水质良好,枯水季节实测平均流量 2.9 m³/s,泉水经消毒后即符合饮用水标准。根据供需平衡分析,现状能够完全满足供水需求。

根据《弥勒市城市总体规划》,未来竹园镇将依托昆河高速公路,充分利用其区位优势,逐步改造老城和农村社区,提高城镇建设档次;促进用地布局适当集中,形成物流仓储、商贸及居住等功能组团,优化配置必要的基础设施和公共服务设施,提高土地利用效益和生产生活环境品质,在基础设施建设、产业发展与布局、区域市场、城乡建设与生态建设等方面谋求一体化。据此预测,到 2030 年,竹园镇城镇总人口将达到 5.82 万人,二三产业增加值也将达到 49.55 亿元。2030 年的乡镇需水量 905.1 万 m³,较现状年增加了 320.9 万 m³。黑龙潭现作为竹园镇城镇居民供水水源地和竹园新沟的取水水源,每年向城镇居民供水量 130万 m³,还要通过竹园新沟进行灌溉,灌溉面积 2.15 万亩,仅依靠黑龙潭无法满足 2030 年竹园镇城镇需水量,规划利用已建的太平水库、龙母沟水库作为竹园镇供水水源。至 2030 年,竹园镇供水最大供水能力达到 905.1 万 m³,其中太平水库供水量 478 万 m³,龙母沟水库供水量 143 万 m³,黑龙潭供水量 284.1 万 m³,满足竹园镇 2030 年的供水需求。

3. 虹溪镇

虹溪镇位于弥勒西南部,地处南盘江以东、甸溪河以西的分水岭上。全镇是四周环山、中间平坦的封闭式盆地,镇域最高海拔 1945 m,最低海拔 1400 m,年降雨量 900 mm。虹溪镇素称"烤烟之乡",经济发展具有典型的烟经济特点,烤烟收入占财政收入的 75%,是全国著名的公有制烤烟生产基地,多年被省州评为"烤烟生产先进乡镇"。2015 年,虹溪镇城镇人口 1.09 万人,工业增加值 1.14 亿元,建筑业、第三产业增加值 4.4 亿元,用水量达到 145.9万 m³。目前城镇供水水源是地下水,勉强满足现状用水需求。

根据《弥勒市城市总体规划》，虹溪镇的主要乡镇职能定位为市域主要城镇，未来将依托历史文化名镇，主要发展旅游业，同时发展优质烤烟生产、农产品与矿产品的生产与加工。据预测，到 2030 年，虹溪镇总人口将达到 4.14 万人，二三产业增加值也将达到 14.78 亿元。据预测，到 2030 年，虹溪镇城镇需水 337.5 万 m³，较现状年增加了 191.6 万 m³。鉴于地下水遇干旱年份时水量较少，城镇供水保证率较低，为满足城镇供水保证率要求，规划加大招北水库、白云水库等供水工程建设力度，满足虹溪镇 2030 年用水需求。

4. 新哨镇

新哨镇地处弥勒市中部腹地，位于滇西河畔，辖区总面积 315.2 km²，该镇最高海拔 2315 m，这是弥勒市境内的最高点，被称为金顶山。最低海拔 1320 m，平均海拔 1450 m。新哨镇交通便利，区位优越。镇政府所在地距县城 18 km，随着石蒙高速公路、云桂铁路的建成通车，处于滇南国际大通道重要交通枢纽的区位优势将更加凸现。2015 年，新哨镇城镇人口 1.55 万人，工业增加值 7.69 亿元，建筑业、第三产业增加值 10.7 亿元，用水量达到 400 万 m³。目前城镇供水水源是弥阳镇供水管网延伸至镇政府所在地，供水水源同为洗洒水库、大树龙潭，可满足现状用水需求。

根据《弥勒市城市总体规划》，新哨镇、弥阳镇作为弥阳坝区的重要组成部分，发展工业主要以烟草及其配套、煤电及煤化工、生物资源创新开发、酿酒、新材料及高新技术产业为主，同时要大力发展以旅游为代表的第三产业。据预测，到 2030 年，新哨镇城镇总人口将达到 4.16 万人，工业增加值达到 13.14 亿元，建筑业及第三产业增加值也将达到 31.6 亿元，2030 年乡镇需水 717.7 万 m³，较现状年增加了 317.7 万 m³。新哨镇和弥阳镇作为弥阳坝的重要组成部分，现状供水系统已互相延伸，规划水平年新哨镇供水由洗洒、太平、雨补水库统一解决。至 2030 年，新哨镇总供水量为 717.7 万 m³。

5. 朋普镇

朋普镇位于弥勒市南端，东临江边乡，南接开远市，距弥勒市城区 56 km。镇内最高海拔 1867 m，位于翠微山主峰，最低海拔 990 m，位于江东南部河谷地带，年降雨量 953.7 mm。朋普镇土地肥沃，面积宽广，是弥勒市的甘蔗主产区，有"甜蜜之乡"的美称。2015 年，朋普镇城镇人口 3.29 万人，工业增加值 1.24 亿元，建筑业、第三产业增加值 3.6 亿元，用水量达到 307.3 万 m³。目前城镇供水水源是歪者山水库和巴甸龙潭，歪者山水库建于 1994 年，为小（一）型水库，水库总库容 172.7 万 m³，兴利库容 81.1 万 m³，年供城镇供水量 91 万 m³，巴甸龙潭供水量 79 万 m³，满足现状用水需求。

根据《弥勒市城市总体规划》，朋普镇依托城市副中心竹园镇的发展，大力发展林（竹）浆纸一体化、制糖、磷电产业，同时依托交通优势，积极发展交通运输、物流仓储和商贸服务业。据预测，到 2030 年，朋普镇城镇总人口将达到 4.89 万人，建筑业及第三产业增加值将达到 10.7 亿元，2030 年城镇需水 1095.7 万 m³，较现状年增加了 788.4 万 m³，仅依靠现状供水水源不能满足未来用水需求，规划建设弥阳灌区骨干水库连通工程，有效利用太平、雨补、洗洒三座水库的水量，以满足朋普镇 2030 年用水需求。

6. 巡检司镇

巡检司镇位于弥勒市西南部，与建水县盘江乡隔江相望，地势东高西低，以山地为主，海拔 1050～2003 m，年平均降雨量 900 mm。境内储有煤、铁、铜等 80 余种矿藏及大量优质天然石材，具较高开发价值。2015 年，巡检司镇城镇人口 0.64 万人，工业增加值 6.24 亿元，建筑业、第三产业增加值 1.8 亿元,用水量达到 233.7 万 m³。目前城镇供水水源是龙潭水,龙潭出水比较稳定,能满足现状用水需求。

巡检司镇区位优势明显,交通发达,是弥勒市与建水县交界处发展最好的城镇,具有较强的社会经济辐射能力。根据《弥勒市城市总体规划》,巡检司镇未来将发展成为市域主要城镇,工业以电力及载能产业为主,同时发展矿产开发与加工、农产品加工、旅游及商贸服务业。据预测,到 2030 年,巡检司镇城镇总人口将达到 3.03 万人,工业增加值达到 8.81 亿元,建筑业及第三产业增加值也将达到 5.3 亿元,2030 年城镇需水 411.6 万 m³,较现状年增加了 178 万 m³,仅依靠现状供水水源不能满足未来用水需求,且用水保证率较低。规划在巡检司镇境内新建一座可乐水库,水库规模为中型,水库总库容 1312 万 m³,兴利库容 1008 万 m³,承担城镇供水任务为 411.6 万 m³。

7. 西一镇

西一镇位于弥勒市西部的高山丘陵地区,东邻弥阳镇,南与五山、新哨镇相连,西接西二镇,北与西三镇和石林县大可乡接壤。镇政府驻地距弥勒市城 23 km。西一镇属典型的喀斯特地质地貌,最高海拔 2212 m,最低海拔 1522 m,国土面积 345 km²。2015 年,西一镇城镇人口 0.33 万人,工业增加值 0.48 亿元,建筑业、第三产业增加值 0.6 亿元,现状年用水量为 42.5 万 m³。目前城镇供水水源是联合水库和一座小坝塘,联合水库是一座小(二)型水库,总库容 15 万 m³,兴利库容 9 万 m³,设计年供水量 9 万 m³,坝塘供水量为 8 万 m³,难以满足现状用水需求。

根据《弥勒市城市总体规划》,西一镇被定位为市域主要城镇,以民族文化和生态旅游发展为主,同时发展农产品、矿产品的生产与加工。据预测,到 2030 年,西一镇城镇总人口将达到 2.59 万人,工业增加值达到 0.67 亿元,建筑业及第三产业增加值也将达到 1.8 亿元,2030 年城镇需水 165.4 万 m³,较现状年增加了 122.9 万 m³,现状供水都有困难,必须规划新的水源工程。规划在大可河上游新建葫芦口水库,水库总库容 79 万 m³,兴利库容 56 万 m³,设计供水量 165.4 万 m³,以满足西一镇 2030 年城镇用水需求。

8. 西二镇

西二镇位于弥勒市西北部,东接西一镇,南连五山乡,西沿昆河铁路隔南盘江与玉溪华宁县相望,北与昆明市宜良、石林两县接壤,地处"三州(市)四县"交界。地势东高西低,最高海拔 2147.6 m,最低海拔 1130 m,全镇国土面积 398 km²。2015 年,西二镇城镇人口 0.59 万人,工业增加值 0.58 亿元,建筑业、第三产业增加值 1.3 亿元,现状年用水量为 70.1 万 m³。目前城镇供水水源是岔河水库,岔河水库位于小河上,是一座小(一)型水库,总库容 303 万 m³,兴利库容 223 万 m³,设计年供水量 223 万 m³,设计灌溉面积 0.5 万亩,可以满足现状用水需求。

根据《弥勒市城市总体规划》,依据西二镇所在地理位置及自身优势,以社会服务、农产品的生产和加工及集市贸易发展为主,到 2030 年,西二镇城镇人口将达到 4.04 万人,工业增加值达到 0.9 亿元,建筑业及第三产业增加值也将达到 3.9 亿元,2030 年城镇需水 264.4 万 m³,较现状年增加了 194.3 万 m³,岔河水库灌区面积与规划新建的龙泉水库灌面部分重合,可由龙泉水库配套灌溉,岔河水库可满足 2030 年城镇用水需求。

9. 西三镇

西三镇地处弥勒市北部,有红河州"北大门"之称,东、西、北三面与昆明市石林县接壤,全镇国土面积 288 km²。2015 年,西三镇城镇人口 0.28 万人,工业增加值 0.85 亿元,建筑业、第三产业增加值 0.7 亿元,现状年用水量为 49.8 万 m³。目前城镇供水水源是清水龙潭,龙潭补给区在弥勒西北部的石林县境内,推测其径流面积在 250～350 km² 之间,可满足西三镇供水需求。

根据《弥勒市城市总体规划》,西三镇规划定位为市域主要城镇,以民族文化和生态旅游为主,同时发展农产品、矿产品的生产与加工。到 2030 年城镇人口将达到 2.36 万人,工业增加值达到 1.32 亿元,建筑业及第三产业增加值也将达到 2.1 亿元,2030 年城镇需水 170.9 万 m³,较现状年增加了 121.1 万 m³,花口龙潭在水质和水量上均可满足用水需求,因此西三镇不用规划新的水源。

10. 东山镇

东山镇地处两州(文山、红河)三县(弥勒、泸西、邱北)的交界处,位于弥勒市东部,距县城 48 km,全镇辖国土面积 368 km²。镇域地势为中部高、四周低,西北高、东南低,悬岩陡壁围绕中部,最高海拔 2315 m,最低海拔 867 m。2015 年,城镇人口 0.17 万人,工业增加值 1.01 亿元,建筑业、第三产业增加值 1.2 亿元,现状年用水量为 50.9 万 m³。目前城镇供水水源主要来自山泉水和水窖,枯季来水量较少,现状用水比较困难。

根据《弥勒市城市总体规划》,东山镇的发展以社会服务、农产品的生产和加工及集市贸易为主,适当发展矿产品的生产与加工。到 2030 年城镇总人口将达到 2.24 万人,工业增加值达到 1.43 亿元,建筑业及第三产业增加值也将达到 3.5 亿元,2030 年城镇需水 181.3 万 m³,现状供水都有困难,必须规划新的水源工程。根据东山镇中部高、四周低的地形特点以及水资源条件,规划在小宿依河上游新建小宿依河小(一)型水库,兴利库容 580 万 m³,城镇供水 181.3 万 m³,满足东山镇 2030 年城镇用水需求。

11. 五山乡

五山乡位于弥勒市西南部,东接虹溪镇,南连巡检司镇,北邻西一、西二镇,隔江望建水县。乡政府所在地四家村海拔 1700 m,距县城 58 km。全乡国土面积 366 km²,境内最高海拔 2150 m,最低海拔 1108 m。2015 年,城镇人口 0.32 万人,工业增加值 0.43 亿元,建筑业、第三产业增加值 0.6 亿元,现状年用水量为 40.8 万 m³。目前城镇供水水源是保云水库,水库总库容 379 万 m³,兴利库容 285.3 万 m³,设计年供水量 285.3 万 m³,水库主要任务是满足城乡生活用水和灌溉农田,设计灌溉面积 0.7 万亩,水库正常供水可以满足现状用水需求。

根据《弥勒市城市总体规划》,五山乡定位为以社会服务、农产品的生产和加工及集市贸易为主。到 2030 年城镇人口将达到 1.94 万人,工业增加值达到 0.6 亿元,建筑业及第三产业增加值也将达到 1.8 亿元,2030 年城镇需水 127.3 万 m³,较现状年增加了 86.6 万 m³,保云水库正常使用可满足 2030 年城镇用水需求。

12. 江边乡

江边乡位于弥勒市东南部,东南方向与文山州丘北县、红河州开远市隔江相望。乡政府所在地距县城 64 km,全乡国土面积 390.3 km²,地势西高东低,最高点在老虎箐,海拔为 1760 m,最低点在南盘江边,海拔为 920 m。2015 年,城镇人口 0.31 万人,工业增加值 0.03 亿元,建筑业、第三产业增加值 1 亿元,现状年用水量 32.1 万 m³。目前城镇供水水源是板桥箐水库,水库建于 1998 年,水库总库容 14.5 万 m³,兴利库容 11 万 m³,设计年供水量 11

万 m³,由于水库出现渗漏情况,属于病险水库,现状年供水只有 3.6 万 m³,难以满足现状用水需求。

根据《弥勒市城市总体规划》,江边乡定位为以社会服务、农产品的生产和加工及集市贸易为主的乡镇,规划到 2030 年城镇人口将达到 1.56 万人,工业增加值达到 0.05 亿元,建筑业及第三产业增加值也将达到 2.9 亿元,2030 年城镇需水 90.6 万 m³,较现状年增加了58.5 万 m³,仅依靠现状供水工程无法满足用水需求,规划在江边小河上新建一座小(一)型水库,水库总库容 288 万 m³,兴利库容 255 万 m³,满足未来用水需求。弥勒市各城镇 2030 年供水规划成果如表 6-2 所示。

表 6-2 弥勒市各城镇 2030 年供水规划成果

乡镇	现状供水水源	2030 年需水量 /(万 m³)	规划供水水源	供水量 /(万 m³)
弥阳镇	洗洒水库、大树龙潭	8502	洗洒水库	1505
			大树龙潭	3515
			太平水库	1880
			雨补水库	1550
			其他	52
新哨镇	城市管网延伸、龙潭	717.7	洗洒水库、大树龙潭	717.7
虹溪镇	地下水	337.5	招北水库	52
			白云水库	285.5
竹园镇	龙潭水	905.1	黑龙潭	265
			弥阳灌区骨干水库连通工程	640
朋普镇	歪者山水库、巴甸龙潭	1095.7	歪者山水库	89
			弥阳灌区骨干水库连通工程	1006.7
巡检司镇	大龙潭水	411.6	可乐水库	411.6
西一镇	联合水库	165.4	联合水库	9
			葫芦口水库	156.4
西二镇	岔河水库	264.4	岔河水库	264.4
西三镇	清水龙潭	170.9	花口龙潭	170.9
东山镇	金顶山泉水	181.3	小宿依水库	181.3
五山乡	保云水库	127.3	保云水库	127.3
江边乡	水厂(板桥箐水库)	116.8	江边小河水库	116.8

6.1.5 工业园区供水方案

依据国家"布局集中、用地集约、产业集聚"的园区发展要求,弥勒工业园坚持科学发展观,以建设"生态工业、循环工业、协调工业、特色工业"园区为宗旨。在规划过程中,按照可持续性、高效率的产业功能布局、集约化的土地利用、现代化的服务设施等原则。经过规划,将弥勒工业园基本建设成为昆河经济走廊上重要的高新技术产业园区,以卷烟及烟草配套产业、生物资源创新开发产业为主导,同时发展环保装备制造、新材料、物流产业等辅助和配套设施,形成一个生态环保型工业园区。

弥勒工业园区位于弥勒市城弥阳镇和朋普镇,规划总用地面积约为 26.71 km²。在空间布局上,工业园区分为"一园三区","一园"即弥勒工业园区,"三区"即弥阳工业区、兴田工业区、朋普工业区。其中弥阳工业区以高新技术产业、科技研发产业、环保装备制造业为主,新材料制造、商贸物流业为辅助产业,规划用地面积为 12.21 km²;兴田工业区以烟草及配套产业、食品加工、生物资源开发为主,规划总用地面积为 9.98 km²;朋普工业区以农副颤音精深加工产业、清洁载能产业为主,规划总用地面积为 4.52 km²。

根据《城市给水工程规划规范》(GB50282)的要求,结合弥勒市气候特点、给水设施基础条件及经济发展水平,考虑到园区的产业性质,我们可以通过用地估算指标法来确定园区的用水量。弥勒工业园区总需水量将达到 1562.3 万 m³/年。其中,弥阳工业区最高日用水量 4.8 万 m³,年需水量 1560.8 万 m³;星田工业区最高日用水量 2.58 万 m³,年需水量 1136.5 万 m³;朋普工业区最高日用水量 1.9 万 m³,年需水量 587.5 万 m³。弥勒工业园区需水量如表 6-3 所示。

表 6-3 弥勒工业园区需水量

工业片区	所在乡镇	占地面积/km²	最高日用水量/(万 m³)	需水量/(万 m³)
弥阳工业区	弥阳镇	12.21	4.8	1560.8
兴田工业区	弥阳镇	9.98	3.4	1136.5
朋普工业区	朋普镇	4.52	1.9	587.5
合计		26.71	10.1	3284.8

根据弥勒市水资源供求平衡要求,对弥阳镇进行需水预测时已考虑弥阳工业区、兴田工业区用水需求,故两片区的用水需求可结合弥阳镇的供水需求由洗洒水库、太平水库、雨补水库和大树龙潭解决,这些水源可以提供 3284.8 万 m³ 的水量。

朋普工业区位于朋普镇东部,规划面积 4.52 km²,朋普镇现状供水水源为歪者山水库,是一座小(一)型水库,水库设计供水能力 103 万 m³,不能满足未来朋普工业区及其所在集镇用水。为保证园区用水,可结合朋普镇的供水需求,由弥阳灌区骨干水库连通工程统一解决。

6.2 农村供水规划

本次规划结合弥勒市各乡镇实际情况,以"提高水质,增强供水效率和设施维护管理水平"为目标,努力提高农民生活质量,改善农村发展环境,确保人民群众喝上干净水、放心水,为促进城乡一体化创造条件。

6.2.1 农村饮水现状及存在的问题

弥勒市总人口 55.75 万人,其中农村总人口为 30.38 万人。自 2005 年启动农村饮水安全项目以来,弥勒市在 2005 年至 2015 年期间先后实施了 16 个批次农村饮水安全工程项目建设。这些项目解决了农村人口 20 余万人、国有林场职工 0.47 万人、国有农场职工 0.31

万人以及中小学校师生 0.96 万人的饮水安全问题。然而,由于解决的标准较低、解决的工程措施保障率不高等原因,农村供水仍存在诸多问题。

(1)供水保障程度低。由于现状农村供水多以五小水源为主,大部分为山泉水,降雨量较少时水源保证率偏低。

(2)水质合格率偏低。坝塘、水窖等供水工程,主要是由群众自建自管为主,有的过滤设施没有按设计要求完成,还有的过滤设施如同虚设,相当一部分农户的水窖不注重消毒处理,导致原水中的微生物难以去除,降低了水质合格率。

6.2.2　农村供水保障方案

结合新农村建设规划,坚持高起点规划、高标准建设、高水平管理,按照《村镇供水工程技术规范》,供水工程用水标准(最高日用水量)取 75~95 L,供水保障程度 90%~95%,实现农村饮水安全工程"提质增效"。规划思路是依托水库、塘坝等稳定水源,实施城市供水管网向农村延伸的城乡一体化供水工程;在人口相对集中、有水源条件的平坝区,兴建一批跨村镇联片规模化集中供水工程,推进联村并网集中供水;建设自来水入户工程,提高自来水入户率;全面加强水质处理设施和水质检测能力建设,规模以上饮水工程信息化建设。

根据弥勒市现状及规划供水水源、地形、地质及经济情况,按照因地制宜、远近结合、宜引则引、宜窖则窖的原则,尽量集中连片解决,不能集中连片或水源水量不足的情况,则单独解决。

西二镇和朋普镇的朋普、小寨、庆来等 8 个村委会,饮用水均为未经处理的地表水,细菌超标严重。本次规划根据各村实际情况及新岔河、阿细等新建水库高程情况,分别采取集中供水、管网延伸、水窖等方式来解决供水问题。虹溪、朋普 2 个乡镇,现状供水水源较多为地下水,根据各村实际情况,分别采取集中供水、管网延伸、水窖等方式来解决供水问题。新哨、西一、西二、江边、东山、五山等 6 个乡镇,人口较分散,不具备建设集中式供水工程的条件,根据各地实际情况,分别采取自流引水、提水、水池、水窖等方式来解决供水问题。综上,规划建设 9 件 1000 m³/d 规模以上集中供水工程,87 处其他集中式引水工程,438 处水窖。

7 灌 溉 规 划

7.1 灌溉现状

7.1.1 灌溉现状

2015年,全市现有耕地面积约155.74万亩,常用耕地112.68万亩,人均常用耕地2.10万亩。农田有效灌溉面积31.61万亩,有效灌溉率仅20.30%,其中水田9.54万亩,旱地22.06万亩,分别占农田有效灌溉面积的30.19%和69.81%。全市人均有效灌溉面积0.59亩,其中巡检司镇、新哨镇、朋普镇、竹园镇、虹溪镇及五山乡人均有效灌溉面积较高,分别为1.12亩、1.08亩、0.73亩、0.68亩、0.66亩、0.50亩;江边乡、弥阳镇、西二镇、西三镇、东山镇及西一镇人均灌溉面积较少,分别为0.47亩、0.45亩、0.39亩、0.22亩、0.17亩、0.13亩。

根据水利普查,全市有灌溉任务的水库工程122座(4座中型水库、16座小(一)型水库、102座小(二)型水库),总库容23806万 m^3,水库设计灌溉面积40.51万亩,有效灌溉面积12.67万亩,仅占全市农田有效灌溉面积的40.08%。塘坝工程400处,总库容561万 m^3,有效灌溉面积为6.58万亩,占全市农田有效灌溉面积的20.82%。有灌溉任务的引、提水工程118处(水闸8处、泵站110处),总灌溉面积为7.03万亩,占全市农田有效灌溉面积的27.52%。其他灌溉工程60193处,灌溉面积为3.65万亩,占全市农田有效灌溉面积的11.5%。2015年,水田亩均灌溉用水量503 m^3/亩,旱地亩均灌溉用水量228 m^3/亩。

弥勒市境内东西多山,中部低凹,在群山环抱中,形成一狭长的平坝及丘陵地带,耕地大部分集中在坝区。弥勒市有178个灌区,其中中型灌区5个,即弥阳灌区、虹溪白云灌区、保云、岔河、茂卜水库灌区、竹园甸惠灌区、竹园新沟灌区;小型灌区173个,千亩以上灌区共15个,主要分布在弥阳镇、新哨镇、东风农场、虹溪镇、西二镇、竹园镇、朋普镇、巡检司镇、西三镇。5个中型灌区设计灌溉面积39.15万亩,实际灌溉面积24.25万亩,占全市农田有效灌溉面积的76.73%。

全市现有万亩以上灌区基本情况见表7-1。

表 7-1 弥勒市已建万亩以上灌区基本情况表

序号	灌区名称	灌区范围	设计灌溉面积/(万亩)	有效灌溉面积/(万亩)	主要水源工程
1	弥阳灌区	弥阳镇、新哨镇、东风农场	26.48	12.80	太平水库、雨补水库、洗洒水库、租舍水库等4座中型水库,鸡街铺水库、迎春水库等14座小型水库等

序号	灌区名称	灌区范围	设计灌溉面积/(万亩)	有效灌溉面积/(万亩)	主要水源工程
2	虹溪白云灌区	虹溪镇	3.93	3.00	白云水库、招北水库、杨梅冲水库、马草塘、大破菁水库、大马料水库等
3	保云、岔河、茂卜水库灌区	西二镇	1.50	1.45	保云水库、岔河水库、茂卜水库
4	竹园甸惠渠灌区	竹园镇、朋普镇	4.88	4.75	甸惠渠、龙母沟水库、三八塘水库等
5	竹园新沟灌区	竹园镇、朋普镇	2.36	2.25	引提水工程
	合计		39.15	24.25	

7.1.2 现有中型灌区基本情况

弥勒现状主要有中型灌区5个,即弥阳灌区、虹溪白云灌区、保云、岔河、茂卜水库灌区、竹园甸惠灌区、竹园新沟灌区。

(1)弥阳灌区。

弥阳灌区地处弥勒甸溪河两岸弥阳坝,是云南省昆河经济带的重要组成部分,作为弥勒市粮经作物的主要产区,具有较好的区位优势和得天独厚的土壤气候条件。灌区范围涉及弥阳镇、新哨镇和东风农场。灌区灌溉水源主要包括:太平水库、雨补水库、洗洒水库、租舍水库等4座中型水库,以及鸡街铺水库、迎春水库等14座小型水库。灌区设计灌溉面积为26.48万亩,有效灌溉面积为12.80万亩。灌区主要干支渠(设计过水流量1 m^3/s以上)有42条,总长219.8 km,其中衬砌长度190.3 km,渠系建筑物429座(处)。主要骨干渠包括跃进大沟、太平水库输水干渠、洗洒水库干渠、雨补水库总干渠、雨补水库东干渠、雨补水库西干渠、租舍水库干渠等,骨干输水渠系较为完善。灌区主要种植葡萄、水稻、玉米、烤烟、甘蔗、蔬菜等作物。

(2)虹溪白云灌区。

虹溪白云灌区地处虹溪坝,位于弥勒市西南部,主要灌区范围涉及虹溪镇。灌区灌溉水源主要包括:3座小(一)型水库,即白云水库、招北水库、杨梅冲水库;3座小(二)型水库,即马草塘、大破菁水库、大马料水库。灌区设计灌溉面积为3.93万亩,有效灌溉面积为3.00万亩。灌区主要干支渠(设计过水流量1 m³/s以上)有4条,总长30.3 km,其中衬砌长度22.8 km,渠系建筑物57座(处)。主要骨干渠包括杨梅冲水库输水隧洞、白云水库东放水沟、白云水库西放水沟、招北水库输水隧洞。灌区主要种植水稻、蔬菜、烤烟、葡萄、甘蔗等作物。

(3)保云、岔河、茂卜水库灌区。

保云、岔河、茂卜水库灌区位于弥勒市西北部,主要灌区范围涉及西二镇。灌区灌溉水源主要包括保云水库、岔河水库、茂卜水库等3座小(一)型水库。灌区设计灌溉面积为1.50万亩,有效灌溉面积为1.45万亩。灌区主要干支渠(设计过水流量1 m³/s以上)有2条,总长 6.1 km,其中衬砌长度 6.1 km,渠系建筑物 25 座(处)。主要骨干渠包括保云水库干渠、岔河水库干渠,灌区主要种植烤烟、水稻、蔬菜等作物。

(4)竹园甸惠灌区。

竹园甸惠灌区地处竹朋坝,位于弥勒市中南部,主要灌区范围涉及竹园镇、朋普镇。灌区灌溉水源主要包括:1 座小(一)型水库,即龙母沟水库;1 座小(二)型水库,即三八塘水库。灌区设计灌溉面积为 4.88 万亩,有效灌溉面积 4.75 万亩。灌区主要干支渠(设计过水流量 1 m³/s 以上)有 8 条,总长 56.4 km,其中衬砌长度 27 km(甸惠渠),渠系建筑物 361 座(处)。主要骨干渠包括一碗水排水沟、甸惠渠、旱师寨龙母沟沙沟、庆来排水沟、18 级龙母沟沙沟、小凹者沙沟、小普特沙沟、北寺沙沟。灌区主要种植水稻、蔬菜、烤烟、葡萄、甘蔗等作物。

(5)竹园新沟灌区。

竹园新沟灌区地处竹朋坝,位于弥勒市中南部,主要灌区范围涉及竹园镇、朋普镇,与竹园甸惠灌区相连。耕地设计灌溉面积 2.36 万亩,有效灌溉面积 2.25 万亩。灌区灌溉水源主要是河湖引提水工程,灌区内有 4 座灌溉泵站,即大海地泵站、小法车泵站、小海子泵站、新海村泵站。灌区主要干支渠(设计过水流量 1 m³/s 以上)有 2 条,总长 29.5 km,其中衬砌长度 3.3 km,渠系建筑物 255 座(处)。主要骨干渠包括北寺沙沟、新沟。灌区主要种植水稻、蔬菜、烤烟、葡萄、甘蔗等作物。

7.1.3 存在的问题

(1)灌区水利设施老化及损坏严重。

弥勒市水利资源丰富,但现有中小型水库绝大部分是二十世纪六七十年代修建的蓄水工程,年代久远,因修建时期发展落后、技术不足,造成工程的建设标准不高、质量较差。全市耕地面积 155.74 万亩,人均有效灌溉面积仅为 0.59 亩,农田有效灌溉率仅为 20.30%。目前工程老化失修,坝体渗漏、放水设施失效,抗洪能力不足,安全隐患较大。全市工程性缺水特征明显,部分水库无法正常蓄水运行,蓄水能力下降,可供水量不能满足灌区粮食生产灌溉用水需求,影响了区域产业结构的调整和农业生产的发展。现有引、提水工程大部分设施老化或废弃,造成引、提水量不足,致使灌溉面积下降。

(2)灌区水利设施配套不完善。

现有灌区特别是中、小型灌区的渠道防渗率低,灌区渠系配套普遍存在建设标准低、配套不完善、覆盖率低,渠系建筑物年久失修、坍塌、老化、淤积等现象较多,节水改造滞后,水资源得不到充分利用,灌溉保证率达不到设计要求,导致灌溉水利用率低,现状年灌溉水利用系数仅为 0.53。此外,由于输水设施不完善,春耕季节用水高峰时,灌区内上游有水、下游旱现象年年存在,水事纠纷经常发生,供水得不到保障。

(3)农田水利管理体制不完善。

现状灌区水利工程管理体制不完善,在工程及用水、管水方面配套制度不健全,使管理工作缺乏主动性和积极性。目前供水价格形成机制不合理,水价偏低,水利工程运行管理和维修养护经费不足,导致行业贫困、队伍不稳,国有水利经营性资产管理运营体制不完善,灌溉工程更新改造滞后,灌区工程效益严重衰减,也制约了灌区社会经济的发展。

7.2 灌溉发展目标与布局

7.2.1 耕地分布及灌区发展方向

根据《弥勒市土地利用总体规划》中期评估报告的成果,2013年年末,弥勒市土地总面积为586.86万亩。其中农用地面积479.27万亩,占土地总面积的81.67%;建设用地面积21.41万亩,占土地总面积的3.65%;其他土地86.17万亩,占土地总面积的14.68%。农用地中,耕地面积155.74万亩,园地面积5.72万亩,林地面积293.52万亩,牧草地面积9.3万亩。根据云南省坝区核定数据成果,弥勒市共划定弥阳坝子、东风新哨坝子、竹朋坝子和虹溪坝子等40个坝区地块。2013年年末,弥勒坝区总面积75.00万亩,其中农用地62.28万亩,占坝区总面积的83.03%。农用地中,耕地面积44.57万亩,园地面积3.25万亩,林地面积10.68万亩,牧草地面积9.3万亩。

根据现状耕地总面积数据分析,弥勒市耕地分布较为均匀,除江边乡外,各镇(乡)的耕地面积均占全市总耕地面积的6%以上。西二镇、弥阳镇、朋普镇、新哨镇、巡检司镇、竹园镇耕地较多,耕地面积分别为22.65万亩、19.25万亩、16.71万亩、15.29万亩、11.22万亩及10.89万亩,占全市耕地的14.54%、12.36%、10.73%、9.82%、7.21%及7.00%。

弥勒市地形高差大,高原面被强烈剥蚀、分割,形成山谷相间的中山、中低山地形与小型盆地(坝子)相间的地貌类型。根据现有耕地分布,弥勒市适宜发展集中灌面的耕地主要集中在西二镇、弥阳镇、朋普镇、新哨镇、巡检司镇、竹园镇、虹溪镇、西一镇以及西三镇。弥勒市水资源丰富,但只有中部开发利用率较高,东、西部山区水源保证率偏低,需要建设中型灌区增加灌溉水源,完善和扩大灌溉面积,改善灌排条件,而中部灌溉有效灌面率较低。目前,上述乡镇除巡检司镇、西一镇、西三镇未能形成集中连片的灌区外,其余均已建成中型灌区。本次规划依据弥勒市水土资源条件,结合中型水库建设,在以下地区发展8个万亩以上中型灌区:弥阳镇、新哨镇、东风农场,虹溪镇,西二镇,竹园镇,朋普镇,巡检司镇,西一镇和西三镇,主要是对已有的中型灌区,即弥阳灌区、虹溪白云灌区、保云、岔河、茂卜水库灌区、竹园甸惠灌区、竹园新沟灌区(合建成为竹园朋普灌区)进行续改建,并在西二镇、巡检司镇、西一镇、西三镇分别新建龙泉水库灌区、巡检司灌区、西一灌区、西三灌区。同时根据耕地分布状况,因地制宜,建设一批小水库,发展一批小型灌区,提高农田灌溉保证率。

7.2.2 灌溉规划目标

7.2.2.1 规划灌溉面积

根据《弥勒市土地利用总体规划》,规划耕地面积为155.94万亩,其中基本农田面积为106.56万亩。未来全市将根据当地水土资源条件,对现有灌区进行续建配套与节水改造。在耕地相对集中、水土资源和光热资源较好的区域,通过水系连通工程及新建水源工程,扩大灌区面积。规划到2030年,全市有效灌溉面积将达到55.43万亩(详见表7-2),较现状年增加23.82万亩,有效灌溉率达到35.54%,人均有效灌溉面积0.69亩。到2030年,形成相对集中的8处万亩以上灌区,灌区总设计灌溉面积达44.57万亩,详见表7-3。

表 7-2　灌溉面积规划成果表

水平年	有效灌溉面积/(万亩)		
	水田	旱地	小计
现状年	9.54	22.06	31.60
2030 年	17.03	33.89	50.92

表 7-3　万亩以上灌区规划成果表

序号	灌区性质	灌区名称	所在乡镇	设计灌溉面积/(万亩)	灌溉水源
1	续改建	弥阳灌区	弥阳镇、新哨镇、东风农场	18.64	太平水库、雨补水库、洗洒水库、租舍水库 4 座中型水库、鸡街铺水库、迎春水库、丫勒水库、新哨水库等
2	续改建	虹溪白云灌区	虹溪镇	4.04	白云水库、招北水库、杨梅冲水库、马草塘水库、密纳水库等
3	续改建	保云、岔河、茂卜水库灌区	西二镇	1.50	保云水库、岔河水库、茂卜水库、团结水库、新岔河水库、龙潭门水库等
4	续改建	竹园朋普灌区	竹园镇、朋普镇	10.00	龙母沟水库、者圭水库、小黑洞水库、黑果坝水库、歪者山水库、三八塘水库、花园磨石沟水库、引提水工程等
5	新建	龙泉水库灌区	西二镇	2.56	龙泉水库、惠民水库、雨龙革水库、大沙地水库、梨园水库等
6	新建	巡检司灌区	巡检司镇	3.34	可乐水库、杨柳寨水库、法咱沙水库、大塘子水库、交佐水库等
7	新建	西一灌区	西一镇	3.19	矣维水库、清夹沟水库、响水洞水库、树龙老寨水库、保云水库
8	新建	西三灌区	西三镇	1.30	小滴水水库、大麦地水库、蚂蚁水库
		合计		44.57	

7.2.2.2　灌溉保证率

根据《灌溉与排水工程设计规范》(GB50288)规定,灌溉保证率结合水文气象、水土资源、作物组成、灌区规模、灌水方法及经济效益等因素确定,取值范围为 75％～85％。由于弥勒市水资源条件较好,开发利用率程度较高,故本次规划对灌区统一选取灌溉设计保证率为 80％。

7.2.2.3　设计灌溉制度

根据《云南省地方标准用水定额》的规定,弥勒市在农业灌溉用水分区中属于滇中区 I-3 区,位于低纬度地带,该市是云南省重要的粮食产区及热带、亚热带经济作物种植区。弥勒市目前逐步形成了以粮、烟、菜、花、果为重点的特色农业产业体系,主要种植水稻、玉米、烤烟、蔬菜、葡萄等作物。按弥勒市当地的农业种植结构和种植习惯,我们可以将水田和旱地作为设计灌溉制度的依据。水田种植结构主要为水稻和蔬菜复种,旱地作物以玉米、烤烟、葡萄为主。参考《云南省地方定额标准》,各种作物不同频率的用水定额取值如下:80%保证率下水稻用水定额为 550 m³/亩;80%保证率下大春玉米用水定额为 140 m³/亩,80%保证率下烤烟用水定额为 40 m³/亩,80%保证率下蔬菜用水定额为 270 m³/亩,80%保证率下葡萄用水定额为 160 m³/亩。据此,在 80%保证率下,2030 年水田综合灌溉净定额为 391 m³/亩,旱地为 238 m³/亩。

7.2.2.4 灌溉水利用系数

根据《节水灌溉技术规范》(SL207)规定,结合当地社会经济水平、水源工程供水能力、工程投资等因素,规划至 2030 年全市农田灌溉利用系数达到 0.75。

7.2.3 灌溉总体布局

根据中共中央、国务院关于加快水利改革发展的决定和中央水利工作会议精神,结合弥勒市地形地貌、耕地分布状况及现状灌溉发展基础,在规划水平年,弥勒市灌区将发展形成"一心、两翼"的总体布局,以优化配置区域水资源,逐步提高水利对农业生产的保障能力,逐步夯实农业发展基础,改善农业生产条件。

(1)"一心"指弥勒坝区范围内,以太平、雨补、洗洒水库为核心,以甸溪河为纽带。坝区土地垦殖率高,灌溉发展基础好,是灌溉发展重点区域。未来该片区主要发展灌区续建配套及改造升级,同时加大高效节水灌溉工程建设,提高灌溉水单位产出率。主要规划三个灌区:弥阳灌区、虹溪白云灌区、竹园朋普灌区。

弥阳灌区涉及弥阳镇、新哨镇和东风农场,为中型灌区,分布于甸溪河中上游,由太平水库、雨补水库、洗洒水库及租舍水库等中型水库和跃进大沟等引水工程供水。该区域耕地面积大,未来将重点加强水源工程互联互通,加大灌区扩建升级,规划扩建洗洒水库、丫勒水库,新建新哨水库等水源工程,提高水资源保障程度及灌区有效灌溉面积。虹溪白云灌区涉及虹溪镇,由白云水库、招北水库、杨梅冲水库等小(一)型水库供水,未来规划新建电钢菁水库等水源工程。竹园朋普灌区涉及竹园镇、朋普镇,由龙母沟水库、三八塘水库等水库及泵站等供水工程供水,未来将加强花园磨石沟水库等新建水源工程建设,远期规划新建中型水库葫芦岛水库,用于调节下游竹园朋普灌区的供水过程。在推进灌区续建配套及节水改造的基础上,重点推进弥阳—新哨—东风片区、虹溪片区、竹园—朋普片区高效节水灌溉工程建设,提高片区灌溉水利用系数。

远期重点考虑加强水源工程互联互通,加大灌区扩建升级,将弥勒市甸溪河沿岸灌区与泸西县甸溪河沿岸灌区联合发展为弥泸大型灌区,弥勒市水库连通工程与泸西县板桥河水库联合调度,保障弥泸大型灌区用水需求。

(2)"两翼"是指以自然地形、河流水系分水岭为边界,形成的南盘江干流以东的山区和以西的山区,分别位于东山镇、江边乡和西一镇、西二镇、西三镇、五山乡、巡检司镇。"两翼"片区山高水低,水资源匮乏,水利基础设施建设不足,农田水利历史欠账较多,因此未来该片区主要加大水源工程建设力度,加快新建中小型灌区建设,提高区域有效灌溉率。东部山区将新建一系列小(一)型、小(二)型水库等蓄水工程,提高灌溉供水能力。西部山区的西二镇将新建龙泉水库灌区,新建龙泉水库中型水库,并加强惠民水库等新建水源工程建设;改扩建保云、岔河、茂卜水库灌区,加强新岔河水库、龙潭门水库等新建水源工程建设;巡检司镇新建巡检司灌区,新建可乐水库中型水库,并加强野则冲水库等新建水源工程建设;西一镇新建西一灌区,加强清夹沟水库等新建水源工程建设;西三镇新建西三灌区,加强小滴水水库等新建水源工程建设。在推进灌区续建配套及节水改造的基础上,西一片区、西二片区、西三片区、巡检司片区、东山片区、五山片区、江边片区将推进高效节水工程建设,提高片区灌溉水利用系数。

规划新增水库如表 7-4 所示。

表 7-4 规划新增水库统计表

序号	水库名称	类型	所在乡镇	总库容 /(万 m³)	兴利库容 /(万 m³)	供水量 /(万 m³)	新增灌溉 面积/(万亩)	改善灌溉 面积/(万亩)
1	洗洒水库扩建	中型	弥阳镇	2473	2236	3317	0.76	3.54
2	龙泉水库	中型	西二镇	1323	943	1046	2.56	0.00
3	可乐水库	中型	巡检司镇	1312	1008	1295	0.61	1.42
4	葫芦岛水库	中型	竹园镇					
5	李子冲水库	小(一)型	弥阳镇	400	320	215	0.30	0.15
6	弥勒寺水库	小(一)型	弥阳镇	398	179	256	0.00	0.50
7	红河水乡水库	小(一)型	弥阳镇	210	168	185	0.00	0.20
8	卫泸长塘子水库	小(一)型	弥阳镇	180	140	154	0.33	0.20
9	新哨水库	小(一)型	新哨镇	200	178	187	0.00	0.25
10	丫勒扩建	小(一)型	新哨镇	110	79	104	0.13	0.10
11	者甸水库	小(一)型	竹园镇	185	126	185	0.39	0.00
12	石牛塘水库	小(一)型	竹园镇	105	76	103	0.15	0.05
13	大可乐水库	小(一)型	朋普镇	569	342	342	0.20	0.70
14	龙潭门水库	小(一)型	西二镇	550	508	518	0.03	1.05
15	阿细水库	小(一)型	西二镇	390	350	488	0.76	0.31
16	老悟懂水库	小(一)型	西二镇	280	250	273	0.49	0.12
17	新岔河水库	小(一)型	西二镇	200	150	198	0.00	0.42
18	雨龙革水库	小(一)型	西二镇	170	150	193	0.00	0.41
19	惠民水库	小(一)型	西二镇	128	108	115	0.13	0.12
20	葫芦口水库	小(一)型	西二镇	115	80	116	0.00	0.10
21	小滴水水库	小(一)型	西三镇	160	120	104	0.80	0.00
22	野则冲水库	小(一)型	巡检司镇	246	192	390	0.36	0.53
23	法咱沙水库	小(一)型	巡检司镇	108	72	117	0.01	0.23
24	小宿依水库	小(一)型	东山镇	700	580	365	0.00	0.56
25	龙细水库	小(一)型	东山镇	108	78	129	0.00	0.29
26	大水沟水库	小(一)型	东山镇	300	220	222	0.39	0.10

序号	水库名称	类型	所在乡镇	总库容/(万 m³)	兴利库容/(万 m³)	供水量/(万 m³)	新增灌溉面积/(万亩)	改善灌溉面积/(万亩)
27	江边水库	小(一)型	江边乡	288	225	358	0.45	0.13
28	小黑箐水库	小(一)型	江边乡	180	140	151	0.22	0.11
29	小姑居扩建	小(一)型	江边乡	150	120	114	0.00	0.25
30	龙潭沟水库	小(一)型	江边乡	132	102	158	0.02	0.17
31	杨柳水库	小(一)型	五山乡	120	70	105	0.00	0.23
32	吉成水库	小(二)型	弥阳镇	40	32	35	0.00	0.15
33	吉明水库	小(二)型	弥阳镇	22	18	19	0.00	0.10
34	吉新水库	小(二)型	弥阳镇	20	16	18	0.00	0.09
35	丫吉水库	小(二)型	弥阳镇	11	9	10	0.00	0.05
36	热水塘水库	小(二)型	新哨镇	32	22	24	0.00	0.08
37	沟心地水库	小(二)型	新哨镇	22	17	18	0.00	0.01
38	石坝水库	小(二)型	新哨镇	17	11	12	0.00	0.01
39	棕白水库	小(二)型	新哨镇	15	12	13	0.00	0.04
40	横山水库	小(二)型	新哨镇	13	8	9	0.00	0.03
41	碗白村前水库	小(二)型	新哨镇	12	7	8	0.00	0.02
42	海子水库	小(二)型	新哨镇	12	8	9	0.00	0.03
43	里方河水库	小(二)型	新哨镇	11	8	9	0.00	0.03
44	龙树塘子水库	小(二)型	新哨镇	11	9	10	0.00	0.03
45	电钢箐水库	小(二)型	虹溪镇	15	10	10	0.20	0.08
46	密纳水库	小(二)型	虹溪镇	15	10	10	0.01	0.03
47	黄家寨水库	小(二)型	虹溪镇	12	10	7	0.02	0.03
48	皎左石坝水库	小(二)型	虹溪镇	15	10	11	0.00	0.05
49	尖山沟水库	小(二)型	竹园镇	25	19	20	0.00	0.08
50	皎左龙树水库	小(二)型	竹园镇	20	15	17	0.00	0.07
51	冲子水库	小(二)型	竹园镇	14	9	10	0.00	0.03
52	板凳寨水库	小(二)型	竹园镇	12	9	9	0.01	0.03
53	花园磨石沟水库	小(二)型	竹园镇	12	9	10	0.00	0.04
54	土桥和尚碑坡水库	小(二)型	竹园镇	12	8	9	0.00	0.03
55	龙潭沟水库	小(二)型	竹园镇	10	6	7	0.00	0.02
56	一碗水水库	小(二)型	朋普镇	70	60	78	0.12	0.08
57	大者黑水库	小(二)型	朋普镇	30	22	22	0.03	0.05
58	清夹沟水库	小(二)型	西一镇	25	21	22	0.00	0.07
59	新街子水库	小(二)型	西一镇	25	20	22	0.04	0.03

序号	水库名称	类型	所在乡镇	总库容 /(万 m³)	兴利库容 /(万 m³)	供水量 /(万 m³)	新增灌溉 面积/(万亩)	改善灌溉 面积/(万亩)
60	米进老水库	小(二)型	西一镇	20	16	17	0.00	0.06
61	磨格水库	小(二)型	西一镇	20	14	14	0.00	0.05
62	响水洞水库	小(二)型	西一镇	20	15	17	0.00	0.06
63	树龙老寨水库	小(二)型	西一镇	18	15	15	0.02	0.04
64	小烂田水库	小(二)型	西一镇	15	12	12	0.00	0.04
65	密枝水库	小(二)型	西一镇	14	9	10	0.00	0.04
66	腾子冲水库	小(二)型	西一镇	12	8	8	0.00	0.03
67	矣维水库	小(二)型	西二镇	91	73	80	3.01	0.02
68	山田水库	小(二)型	西二镇	70	56	60	0.14	0.06
69	小大麦地水库(扩建)	小(二)型	西二镇	35	30	25	0.10	0.02
70	平滩田水库	小(二)型	西二镇	22	17	17	0.04	0.00
71	三道箐水库	小(二)型	西二镇	20	15	16	0.02	0.00
72	梨园水库	小(二)型	西二镇	20	15	20	0.04	0.00
73	跑马地水库	小(二)型	西二镇	18	14	14	0.04	0.01
74	中矣维水库	小(二)型	西二镇	18	15	12	0.04	0.03
75	水沟水库	小(二)型	西二镇	18	14	14	0.04	0.02
76	蚂蚁水库	小(二)型	西三镇	56	42	40	0.31	0.00
77	大麦地水库	小(二)型	西三镇	35	26	25	0.19	0.00
78	大色多金马塘水库	小(二)型	西三镇	18	11	12	0.00	0.04
79	小三家细脖子水库	小(二)型	西三镇	15	9	10	0.00	0.03
80	老寨水库	小(二)型	西三镇	15	8	9	0.00	0.02
81	花口水库	小(二)型	西三镇	42	33	49	0.05	0.07
82	交佐水库	小(二)型	巡检司镇	98	86	86	0.20	0.04
83	尖山水库	小(二)型	巡检司镇	39	34	34	0.08	0.13
84	他底野则大沟水库	小(二)型	巡检司镇	30	24	26	0.00	0.13
85	拉里黑大沙沟	小(二)型	巡检司镇	30	24	26	0.00	0.13
86	朝阳寺水库(扩建)	小(二)型	巡检司镇	25	20	20	0.10	0.03
87	西扯邑水库	小(二)型	巡检司镇	25	20	22	0.04	0.03
88	小冲沟水库	小(二)型	巡检司镇	11	9	10	0.00	0.05
89	白石岩水库	小(二)型	巡检司镇	11	7	7	0.03	0.02
90	新寨水库	小(二)型	东山镇	40	30	33	0.00	0.14
91	大栗水库	小(二)型	东山镇	35	27	30	0.00	0.10
92	安居沟水库	小(二)型	东山镇	30	23	25	0.00	0.13

序号	水库名称	类型	所在乡镇	总库容/(万 m³)	兴利库容/(万 m³)	供水量/(万 m³)	新增灌溉面积/(万亩)	改善灌溉面积/(万亩)
93	施家寨水库	小(二)型	东山镇	25	18	20	0.00	0.10
94	苍铺塘水库	小(二)型	东山镇	23	18	20	0.04	0.04
95	大拖革水库	小(二)型	东山镇	20	13	14	0.00	0.06
96	朵母田水库	小(二)型	东山镇	15	9	10	0.00	0.04
97	水井水库	小(二)型	东山镇	15	8	9	0.00	0.03
98	铺龙水库	小(二)型	东山镇	15	10	11	0.00	0.05
99	小梁箐水库	小(二)型	江边乡	90	75	75	0.24	0.24
100	阿保租水库	小(二)型	江边乡	60	48	50	0.05	0.02
101	香老田水库	小(二)型	江边乡	26	21	21	0.05	0.05
102	老荒冲水库	小(二)型	江边乡	19	14	14	0.02	0.02
103	落水洞水库	小(二)型	五山乡	90	68	74	0.30	0.07
104	菜叶地水库	小(二)型	五山乡	85	64	70	0.30	0.03
105	依巴开水库	小(二)型	五山乡	56	42	46	0.18	0.05
106	放羊冲水库	小(二)型	五山乡	35	30	25	0.10	0.02
107	围锁水库	小(二)型	五山乡	27	20	22	0.04	0.05
108	沙沟边水库	小(二)型	五山乡	25	20	19	0.04	0.03
109	中寨水库	小(二)型	五山乡	25	20	20	0.10	0.03
110	龙豹水库	小(二)型	五山乡	23	18	20	0.04	0.04
111	箐口水库	小(二)型	五山乡	20	15	17	0.03	0.04
112	石灰窑水库	小(二)型	五山乡	18	13	15	0.03	0.02
113	饮水塘水库	小(二)型	五山乡	18	15	12	0.04	0.03
114	小黑土水库	小(二)型	五山乡	18	15	15	0.02	0.04
115	代林哨水库	小(二)型	五山乡	17	12	15	0.03	0.04
116	顾地多水库	小(二)型	五山乡	17	14	12	0.03	0.03
117	大黑土水库	小(二)型	五山乡	16	12	14	0.03	0.02
118	周食冲水库	小(二)型	五山乡	15	13	12	0.03	0.02
119	小麦冲水库	小(二)型	五山乡	12	10	7	0.02	0.02
120	黑龙大水库	小(二)型	五山乡	12	10	7	0.02	0.03
121	觅利水库	小(二)型	五山乡	11	7	7	0.03	0.02
合计				14174	11148	13449	15.82	16.35

7.3　灌区水土资源平衡

7.3.1　灌溉需水量

根据本次规划需水预测成果,2015 年总需水量为 26844 万 m^3,灌溉总需水量为 18547 万 m^3;2030 年总需水量为 36599 万 m^3(80%),灌溉总需水量为 20622 万 m^3(80%)。

7.3.2　水土资源平衡分析及结论

(1)现状供水设施情况下的供需平衡分析。

2015 年,弥勒市 80% 保证率下的农业总需水量 19649 万 m^3,供水量 18647 万 m^3,缺水量 1002 万 m^3,缺水率 5.10%;95% 保证率下的农业总需水量 21136 万 m^3,供水量 18843 万 m^3,缺水量 2293 万 m^3,缺水率 10.85%。

(2)规划水平年供需平衡分析。

2030 年,弥勒市 80% 保证率下的农业总需水量 22729 万 m^3,供水量 22729 万 m^3,灌区达到水土平衡。95% 保证率下的农业总需水量 25946 万 m^3,供水量 25946 万 m^3,灌区达到水土平衡。

(3)供需平衡分析结论。

根据现状年水土资源供需平衡分析成果,按现有工程供水能力,弥勒市水土资源基本平衡,存在少量缺水,缺水主要是因为农业灌溉缺水。东、西部山区缺水率较高,缺水原因是水资源开发利用率偏低;中部坝区缺水率相对较低,缺水原因是灌溉保证率偏低,渠系不完善。

对于东、西部山区,需在充分利用当地水资源的前提下,拓展水源,新建水源工程,增加有效灌溉面积,提高灌溉保证率和水资源供给保障能力;对于中部坝区,在现有设施供水基础上,进一步续建配套,加大灌溉渠系的完善、节水改造及田间工程建设,以提高水资源利用效率,改善用水结构。对灌区进行规划后,能够在用水总量控制的前提下实现 2030 年 80% 保证率下水土资源供需平衡。

7.4　重点灌区规划方案

7.4.1　续建配套灌区

7.4.1.1　弥阳灌区

弥阳灌区现状有效灌溉面积 12.80 万亩,现状 80% 保证率下的农田灌溉总需水量为 7376 万 m^3,供水水源的供水能力能满足灌区需水要求。灌区虽然水资源较为丰富,但渠系配套不完善,渠道出现损坏、渗漏等问题,灌溉保证率偏低。

弥阳灌区为续建灌区,灌区范围包括弥阳镇、新哨镇和东风农场,涉及雨舍、花口、新村等 24 个行政村。灌区水资源开发利用程度较高,主要规划建设任务是续建配套与节水改造,通过续改建成为弥泸大型灌区的重要组成部分。灌溉水源主要包括:太平水库、雨补水库、洗洒水库、租舍水库等4座中型水库,鸡街铺水库、迎春水库等16座小型水库。灌区设计灌溉面积18.64万亩,水田灌溉面积5.82万亩,旱地灌溉面积12.82万亩,其中规划发展高效节水灌溉面积11.78万亩,主要种植葡萄、蔬菜等作物。规划扩建洗洒水库、小(一)型水库丫勒水库,新建新哨水库、卫泸长塘子水库等小(一)型水库,新建热水塘水库、石坝水库、里方河水库等12座小(二)型水库,增加灌区水源供给能力。洗洒水库位于花口河流域,是一座集灌溉、供水于一体的水库,扩建后的洗洒水库控制灌溉面积4.30万亩,水库总库容2473万 m³,兴利库容2236万 m³。丫勒水库位于甸溪河流域,控制灌溉面积0.23万亩,水库总库容110万 m³,兴利库容79万 m³。新哨水库位于甸溪河流域,控制灌溉面积0.25万亩,水库总库容200万 m³,兴利库容178万 m³。卫泸长塘子水库位于甸溪河流域,控制灌溉面积0.53万亩,水库总库容180万 m³,兴利库容140万 m³。规划建设弥阳灌区骨干水库连通工程,充分发挥太平、雨补、洗洒等现有工程的蓄水功能,有效利用3座水库的水量,增加灌区的有效灌溉面积。据预测,到2030年灌区80%保证率下的农田灌溉总需水量7053万 m³,可供水量7053万 m³,灌区水源的供水能力能满足2030年弥阳灌区用水需求。

规划新建灌区弥勒片骨干水库连通工程,主要骨干渠道7条,包括跃进大沟渠、太平水库输水干渠、洗洒水库干渠、雨补水库主干渠、雨补水库东干渠、雨补水库西干渠、租舍水库干渠。跃进大沟渠首在弥勒坝子西北部茨蓬哨,流经弥阳镇、新哨镇、竹园镇,沿北向南流经干冲、章保村等地至新哨镇习岗哨,全长55.239 km。太平水库输水干渠渠首位于太平水库坝下的禹门河茨蓬村的取水坝处,雨补东干渠未汇入前的渠道长7.2 km。雨补水库总干渠渠首在雨补水库坝下弥勒市城区东北部的坝口村,全长5 km,于新寨村分为雨补水库东干渠、西干渠,雨补水库东干渠流经普龙村、法碑沟村,全长28.8 km;雨补水库西干渠流经禄丰村,全长10 km。洗洒水库干渠渠首位于洗洒水库坝址,流经温泉村,全长19.33 km;租舍水库干渠渠首位于租舍水库坝址处,全长6.85 km。将雨补水库西干渠与洗洒水库干渠及租舍水库连通,雨补水库东干渠与跃进大沟连通,通过雨补水库、太平水库、洗洒水库及租舍水库的联合调度,保障弥阳灌区用水需求。

7.4.1.2 虹溪白云灌区

虹溪白云灌区现状有效灌溉面积3.00万亩,现状80%保证率下的农田灌溉总需水量1708万 m³,供水水源的供水能力1550万 m³,根据供需平衡分析,现状缺水量158万 m³,缺水率9.24%。缺水主要原因是渠系配套不完善,渠道老化失修,渗漏严重,灌溉保证率偏低。

虹溪白云灌区为续建灌区,位于虹溪镇,涉及文笔、招北、白云等7个行政村。灌区主要灌溉水源为白云水库、招北水库、杨梅冲水库等3座小(一)型水库,马草塘水库、月牙塘水库等7座小(二)型水库。灌区设计灌溉面积4.04万亩,水田灌溉面积1.12万亩,旱地灌溉面积2.92万亩,其中规划发展高效节水灌溉面积2.85万亩,主要种植花卉、蔬菜等。在规划年,招北水库和白云水库具有生活供水任务,为保证灌溉水量,规划新建电钢菁水库、密纳水库、黄家寨水库等3座小(二)型水库,扩大灌溉面积,增加灌溉水源,加强渠道的续建配套。据预测,到2030年,灌区80%保证率下的农田灌溉总需水量为1475万 m³,灌区利用水库、塘坝等蓄水工程和地下水,可供水量为1475万 m³,灌区水源的供水能力能满足2030年虹溪白云灌区用水需求。

灌区规划主要骨干渠道7条,包括杨梅冲水库东输水隧洞、杨梅冲水库西输水隧洞、白云水库东放水沟、白云水库中放水沟、白云水库西放水沟、招北水库东输水隧洞、招北水库西输水隧洞。杨梅冲水库东输水隧洞、西输水隧洞起点位于杨梅冲水库坝下的董家寨村,由南向北输水,其中东输水隧洞全长 5.84 km,西输水隧洞全长 5.80 km。白云水库东放水沟、中放水沟、西放水沟起点位于白云水库坝下的白云村,由南向北输水,其中东放水沟全长 11.69 km,中放水沟全长 15.37 km,西放水沟全长 18.32 km。招北水库东输水隧洞、西输水隧洞起点位于招北水库坝下的招北村,由北向南输水,其中东输水隧洞全长 6.28 km,西输水隧洞全长 4.89 km。

7.4.1.3　保云、岔河、茂卜水库灌区

保云、岔河、茂卜水库灌区现状有效灌溉面积 1.45 万亩,灌区现状 80% 保证率下的农田灌溉总需水量 740 万 m^3,供水水源的供水能力为 625 万 m^3,根据供需平衡分析,现状缺水量 114 万 m^3,缺水率 15.45%。缺水主要原因是灌溉水源不足,且现有的保云水库用于西二镇生活供水,占用了灌溉用水。

保云、岔河、茂卜水库灌区涉及补蚌、大冲、西洱、庐柴冲、茂卜等 5 个行政村。灌区主要灌溉水源为保云水库、岔河水库、茂卜水库等 3 座小(一)型水库,团结水库、岔菁水库、肥拉角水库等 3 座小(二)型水库。灌区设计灌溉面积 1.50 万亩,水田灌溉面积 0.67 万亩,旱地灌溉面积 0.83 万亩,其中规划发展高效节水灌溉面积 0.38 万亩,主要种植葡萄、烤烟等。在规划年,保云水库和岔河水库具有生活供水任务,为保证灌溉水量,规划新建新岔河水库、龙潭门水库等 2 座小(一)型水库,增加灌溉水源。新岔河水库位于依那河流域,控制灌溉面积 0.43 万亩,水库总库容 200 万 m^3,兴利库容 150 万 m^3。龙潭门水库位于小河门河流域,控制灌溉面积 1.14 万亩,水库总库容 550 万 m^3,兴利库容 508 万 m^3。据预测,到 2030 年灌区 80% 保证率下的农田灌溉总需水量为 656 万 m^3,可供水量为 656 万 m^3,灌区水源的供水能力能满足 2030 年保云、岔河、茂卜灌区用水需求。

灌区规划主要骨干渠道 3 条,包括保云主干渠、岔河主干渠、茂卜主干渠。由保云、岔河、茂卜水库等 3 座小(一)型水库水源联合调度,水源水量互为补充,形成统一完整的灌区灌溉网络。保云主干渠渠首位于保云水库坝下的保云村,全长 25.2 km;岔河主干渠渠首位于岔河水库坝下的西二镇西龙村委会红石岩村与黑山村之间岔河交汇口处,全长 26.8 km;茂卜主干渠渠首位于岔河水库坝下的茂卜村,全长 12 km。三条主干渠主要由东向西引水。

7.4.1.4　竹园朋普灌区

竹园朋普灌区现状有效灌溉面积 7.00 万亩,灌区现状 80% 保证率下的农田灌溉总需水量 4538 万 m^3,供水水源的供水能力能满足灌区的需水要求,但渠系配套不完善,渠道出现损坏、渗漏等问题,灌溉保证率偏低,其中朋普片区此类问题更为突出。

竹园朋普灌区为续建灌区,涉及竹园镇、朋普镇,涉及龙潭、花园、矣果等 14 个行政村。灌区主要灌溉水源为龙母沟水库、者圭水库、小黑洞水库、黑果坝水、歪者山水库等 5 座小(一)型水库,哨中安水库、三八塘水库等 8 座小(二)型水库。灌区设计灌溉面积 10.00 万亩,水田灌溉面积为 4.24 万亩,旱地灌溉面积为 5.76 万亩,其中规划发展高效节水灌溉面积 5.25 万亩,主要种植葡萄、蔬菜等。规划新建花园磨石沟水库、和尚碑水库、一碗水水库、大者黑水库等 4 座小(二)型水库,增加灌区水源供给能力,扩大有效灌溉面积。远期计划在甸溪河新建中型水库葫芦岛水库,水库位于甸溪河流域中下游,主要用于调节下游竹园朋普灌区的灌溉供水过程。规划建设弥阳灌区骨干水库连通工程,有效利用太平、雨补、洗洒 3

座水库的水量,同时利用已有的渠系引水,可为竹园朋普灌区提供灌溉水量,增加灌区的灌溉面积。据预测,到2030年灌区80%保证率下的农田灌溉总需水量为4118万 m^3 ,灌区规划扩建后的可供水量为4118万 m^3 ,灌区水源的供水能力能满足2030年竹园朋普灌区用水需求。

灌区规划主要骨干渠道4条,包括竹朋干渠、竹园西沟、竹园东沟、竹园新沟,通过加大以上渠系衬砌及延伸,提高灌区供水保障程度。竹朋干渠从竹园甸惠渠首由北向南延伸,经竹园镇的法车村、毕就村、岳家寨及朋普镇的小寨村等,交汇于者圭水库,全长31 km。竹园西沟渠首在竹朋坝西部,自北向南流经竹园镇的矣国村、那庵村,全长3 km。竹园东沟(甸惠渠)位于竹朋坝东部,渠首在竹朋坝西北部,流经竹园镇的竹园村、土桥村等地,至朋普镇点子寨村,全长约35 km。竹园新沟起点位于竹朋坝北部小团山村,拦引黑龙潭水,自北向南流经竹朋坝中的竹园镇的赵林、土桥、益者3个村委会和朋普镇的庆来、新车2个村委会,全长26 km。

7.4.2 新建中型灌区

7.4.2.1 龙泉水库灌区

龙泉灌区为新建灌区,龙泉水库灌溉覆盖范围包括西二镇境内南盘江支流木梳井河流域、小河门河流域,涉及西二镇的四道水、糯租、路龙3个村以及西一镇、西三镇部分范围。耕地相对集中连片,总耕地面积2.56万亩,其中水田面积0.86万亩,旱地面积1.70万亩。该灌区内已建水利工程有大沙地水库、住莫水库、滑石板水库等3座小(二)型水库,3座水库设计总供水量31万 m^3 ,灌溉面积仅850亩。灌区内分布有一些临时的引水灌溉工程,引水工程灌溉规模小,灌溉用水受来水限制,枯水年和枯水期用水无法保证。灌区内耕地主要分布在1740 m高程以下,根据灌区内水土资源条件、自流灌溉以及集镇供水的需求,规划在大可河上新建龙泉中型水库,形成以蓄为主的灌溉系统。灌区设计灌溉面积2.56万亩,水田灌溉面积0.86万亩,旱地灌溉面积1.60万亩,其中规划发展高效节水灌溉面积1.20万亩,主要种植葡萄、烤烟等。规划新建惠民水库、雨龙革水库等2座小(一)型水库,1座小(二)型水库梨园水库,增加灌区水源供给能力。据预测,到2030年灌区80%保证率下的农田灌溉总需水量为1013万 m^3 ,灌区可供水量为1013万 m^3 ,灌区水源的供水能力能满足2030年龙泉水库灌区用水需求。

龙泉水库是一座兼具灌溉和灌区农村饮水综合利用的水利工程,位于大可河流域上游,其控制流域面积56.23 km^2 ,坝址多年平均流量1200.00万 m^3 ,控制灌溉面积2.56万亩,水库总库容1323万 m^3 ,兴利库容943万 m^3 。惠民水库位于四道水河流域,控制灌溉面积0.24万亩,水库总库容128万 m^3 ,兴利库容108万 m^3 。雨龙革水库位于大冲河流域,控制灌溉面积0.41万亩,水库总库容170万 m^3 ,兴利库容150万 m^3 。

在龙泉水库坝址处规划新建骨干渠道龙泉水库总干渠,渠首位于大可河流域,由东向西输水,流经西二镇路龙村,止于四道水村,全长11.71 km。

7.4.2.2 巡检司灌区

巡检司灌区为新建灌区,灌区灌溉覆盖范围包括巡检司镇境内南盘江支流大清河流域、岔科河流域,涉及巡检司镇的拉里黑、巡检司2个行政村。耕地相对集中连片,总耕地面积

3.24万亩,其中水田面积1.44万亩,旱地面积1.90万亩。灌区已建小(一)型水库杨柳寨水库,大塘子水库、龙潭菁水库等2座小(二)型水库,3座水库设计总供水量70万 m³,灌溉面积仅1620亩。灌区内分布有一些临时的引水灌溉工程,引水工程灌溉规模小,灌溉用水受来水限制,枯水年和枯水期用水无法保证。灌区设计灌溉面积3.34万亩,水田灌溉面积1.44万亩,旱地灌溉面积1.90万亩,其中规划发展高效节水灌溉面积1.50万亩,主要种植葡萄、烤烟等。灌区内耕地主要分布在1380 m高程以下,根据灌区内水土资源条件、自流灌溉以及集镇供水的需求,规划在巡检司镇野则冲河新建中型水库可乐水库。可乐水库是一座兼具灌溉和集镇供水综合利用的水利工程,可乐水库坝址以上集雨面积97.10 km²,坝址多年平均流量1748.00万 m³,控制灌溉面积2.03万亩,水库总库容1312万 m³,兴利库容1008万 m³。规划新建野则冲水库、法咱沙水库等2座小(一)型水库,交佐水库、大沙沟水库、小冲沟水库等3座小(二)型水库,增加灌区水源供给能力。野则冲水库位于野则冲河,控制灌溉面积0.89万亩,水库总库容115万 m³,兴利库容80万 m³。法咱沙水库控制灌溉面积0.25万亩,水库总库容108万 m³,兴利库容72万 m³。据预测,到2030年灌区80%保证率下的农田灌溉总需水量为1377万 m³,规划后灌区可供水量为1377万 m³,灌区水源的供水能力能满足2030年巡检司灌区用水需求。

规划在可乐水库坝址处新建骨干渠道可乐水库总干渠,渠首位于野则冲河流域,由南向北输水,止于巡检司镇山脚村,全长10.44 km。

7.4.2.3 西一灌区

西一灌区为新建灌区,灌区灌溉覆盖范围包括西一镇境内大可河流域,涉及西一镇的树龙、勒色、长冲3个行政村。灌区总耕地面积3.19万亩,其中旱地面积3.19万亩。

灌区内分布有一些临时的灌溉工程,工程灌溉规模小,枯水年和枯水期用水无法保证。规划新建矣维水库、清夹沟水库、响水洞水库、树龙老寨水库等4座小(二)型水库,增加灌区水源供给能力,同时利用保云水库供水。灌区设计灌溉面积3.19万亩,旱地灌溉面积3.19万亩,其中规划发展高效节水灌溉面积0.38万亩,主要种植烤烟。据预测,到2030年灌区80%保证率下的农田灌溉总需水量为162万 m³,规划后灌区可供水量为162万 m³,灌区水源的供水能力能满足2030年西一灌区用水需求。

7.4.2.4 西三灌区

西三灌区为新建灌区,灌区涉及西三镇的大麦地、散坡、凤凰3个行政村。灌区总耕地面积1.30万亩,其中旱地面积1.30万亩。

灌区内分布有一些临时的灌溉工程,工程灌溉规模小,枯水年和枯水期用水无法保证。规划新建小(一)型水库小滴水水库,大麦地水库、蚂蚁水库等2座小(二)型水库,增加灌区水源供给能力。灌区设计灌溉面积1.30万亩,旱地灌溉面积1.30万亩,其中规划发展高效节水灌溉面积0.38万亩,主要种植葡萄、烤烟等。小滴水水库控制灌溉面积0.80万亩,水库总库容160万 m³,兴利库容120万 m³。据预测,到2030年灌区80%保证率下的农田灌溉总需水量165万 m³,规划后灌区可供水量为165万 m³,灌区水源的供水能力能满足2030年西三灌区用水需求。

7.5　小型农田水利规划

由于弥勒市平坝地较少,旱坡地多,地力质量差,农业生产水平较低。此外,坝区、山区水利发展不均衡,导致水旱灾发生频率较高。这些因素限制了水资源的充分利用,使得灌溉面积逐年下降,影响耕地产出效益,粮食生产不能稳产、高产,自给率低。

为此,应综合考虑地形、水源条件、经济社会发展水平、农田水利发展现状及特点,以及农艺、农机技术需求,进行规划分区。按照弥勒市实际情况,将小型农田水利工程建设按山区和坝区进行分区,山区主要以雨水集蓄工程建设为主,坝区主要以塘坝、灌溉渠系配套建设为主。根据弥勒市坝区、山区与水资源分布情况,拟规划新建并改造小型灌区,并利用"五小"水利工程解决灌溉困难问题,改善灌区水利条件。同时,宜在旱地推广应用节水灌溉技术,因地制宜地采取工程措施,改变旱地遇旱易灾的被动局面,提高水资源利用效率和灌溉质量,提升耕地产量和品质。

本次在全县 10 个乡镇共规划小型灌区 67 处,新建啥咩水库灌区、阿保租灌区、乌稠灌区等 17 处小型灌区,改造新哨镇布龙灌区、滑石板水库灌区、杨梅山水库灌区等 50 处小型灌区,规划灌溉面积 8.84 万亩。至 2030 年,规划新建及改造小塘坝 43 处,新增容积 129.00 万 m³;新建小水池、小水窖 11334 处,新增容积 36.07 万 m³;新建及改造灌溉(含排灌两用)小型泵站 21 处,装机容量 537.35 kW;新建及改造小渠道 332 条,建设长度 671.41 km。

弥勒市小型灌区发展规划如表 7-5 所示。

表 7-5　弥勒市小型灌区发展规划

序号	灌区名称	所在乡镇	工程性质	规划灌溉面积/(万亩)
1	半坡水库灌区	弥阳镇	新建	0.05
2	小太平水库灌区	弥阳镇	新建	0.02
3	啥咩水库灌区	虹溪镇	新建	0.20
4	新街子水库灌区	西一镇	新建	0.07
5	乌稠灌区	巡检司镇	新建	0.17
6	拖谷灌区	巡检司镇	新建	0.21
7	高甸灌区	巡检司镇	新建	0.21
8	龙树灌区	巡检司镇	新建	0.33
9	己白灌区	巡检司镇	新建	0.16
10	苍蒲塘水库灌区	东山镇	新建	0.08
11	小宿衣水库灌区	东山镇	新建	0.66
12	大水沟水库灌区	东山镇	新建	0.49
13	龙细水库灌区	东山镇	新建	0.63
14	阿保租灌区	江边乡	新建	0.07
15	江边水库灌区	江边乡	新建	0.32
16	小黑菁水库灌区	江边乡	新建	0.22
17	杨柳水库灌区	五山乡	新建	0.62

序号	灌区名称	所在乡镇	工程性质	规划灌溉面积/(万亩)
18	秧母塘水库灌区	弥阳镇	改造	0.05
19	新哨镇布龙灌区	新哨镇	改造	0.19
20	新哨镇清河灌区	新哨镇	改造	0.16
21	中哨水库灌区	朋普镇	改造	0.04
22	湾子寨水库灌区	朋普镇	改造	0.06
23	石则坡水库灌区	朋普镇	改造	0.02
24	绿水塘水库灌区	朋普镇	改造	0.03
25	布孔水库灌区	朋普镇	改造	0.01
26	干塘子坝塘灌区	朋普镇	改造	0.03
27	干龙坝坝塘灌区	朋普镇	改造	0.01
28	老深沟水库灌区	朋普镇	改造	0.01
29	老高地水库灌区	朋普镇	改造	0.02
30	小凹者一级站灌区	朋普镇	改造	0.03
31	小可乐泵站灌区	朋普镇	改造	0.02
32	巴甸泵站灌区	朋普镇	改造	0.02
33	巴甸龙潭灌区	朋普镇	改造	0.02
34	水尾泵站灌区	朋普镇	改造	0.03
35	矣厦大沟引水渠灌区	朋普镇	改造	0.18
36	矣厦泵站灌区	朋普镇	改造	0.04
37	联合水库灌区	西一镇	改造	0.08
38	小云三社灌区	西一镇	改造	0.05
39	小云四社灌区	西一镇	改造	0.02
40	大云灌区	西一镇	改造	0.04
41	学大寨水库灌区	西一镇	改造	0.03
42	滑石板水库灌区	西一镇	改造	0.14
43	山金村水库灌区	西三镇	改造	0.29
44	戈西小龙潭水库灌区	西三镇	改造	0.07
45	杨梅山水库灌区	西三镇	改造	0.34
46	者衣水库灌区	西三镇	改造	0.05
47	钟山灌区	巡检司镇	改造	0.45
48	宣武灌区	巡检司镇	改造	0.68
49	铺龙沟灌区	东山镇	改造	0.05
50	洛那沟灌区	东山镇	改造	0.03
51	丫勒塘子灌区	江边乡	改造	0.02
52	干田塘子灌区	江边乡	改造	0.01

序号	灌区名称	所在乡镇	工程性质	规划灌溉面积/(万亩)
53	拖寨坝塘灌区	江边乡	改造	0.01
54	新塘坝塘灌区	江边乡	改造	0.01
55	秧田冲水库灌区	江边乡	改造	0.06
56	黑云村水库灌区	江边乡	改造	0.03
57	小姑居水库灌区	江边乡	改造	0.25
58	小凉箐灌区	江边乡	改造	0.02
59	史母龙潭灌区	江边乡	改造	0.01
60	三道弯坝塘灌区	江边乡	改造	0.01
61	凹子田灌区	江边乡	改造	0.01
62	抱子冲坝塘灌区	江边乡	改造	0.01
63	挨村龙潭灌区	江边乡	改造	0.01
64	则居灌区	五山乡	改造	0.10
65	拉里白灌区	五山乡	改造	0.27
66	烟子寨灌区	五山乡	改造	0.10
67	石头寨灌区	五山乡	改造	0.13
新建				4.51
改造				4.35
合计				8.86

弥勒市小型农田水利设施建设基本情况如表 7-6 所示。

表 7-6 弥勒市小型农田水利设施建设基本情况

乡镇	水池、水窖		塘坝		小渠道		小泵站	
	数量/个	容积/(万 m³)	座数/座	容积/(万 m³)	数量/条	建设长度/km	数量/个	装机容量/kW
弥阳镇	794	3.68	1	3.00	8	83.72	1	30.00
新哨镇	844	2.72	0	0.00	0	0.00	0	0.00
虹溪镇	888	2.30	5	15.00	108	183.04	3	92.50
竹园镇	0	0.00	1	3.00	14	13.61	0	0.00
朋普镇	135	0.59	2	6.00	27	23.55	1	52.50
西一镇	3431	8.94	8	24.00	82	156.90	2	120.00
西二镇	455	3.85	7	21.00	8	30.03	1	2.38
西三镇	2218	5.67	12	36.00	0	66.50	2	61.25
巡检司镇	533	1.63	3	9.00	15	41.86	6	88.97
东山镇	1163	3.77	0	0.00	0	0.00	0	0.00
江边乡	855	2.87	4	12.00	70	72.21	6	82.50
五山乡	18	0.06	0	0.00	0	0.00	1	47.25
合计	11334	36.08	43	129.00	332	671.42	23	577.35

7.6　高效节水灌溉规划

弥勒市大量的旱作物需水要求较大,虽然有部分配套了相关的各类水利设施,但缺乏调节性能好的骨干调蓄控制性工程和灌区相关配套的节水灌溉工程,供水不足以严重制约农业生产的发展,资源性缺水和工程性缺水问题仍将是突出的问题。因此,在适宜地点修建骨干调蓄控制性工程及灌区相关配套工程,是确保农业经济发展的保证。

加快高效节水灌溉工程建设是缓解弥勒市水资源紧缺的有效途径之一,更是现代农业发展的必然选择。弥勒市的立体气候特征显著,光热资源丰富,生态环境良好,能够种植高原特色水果、蔬菜、花卉等多种农作物,具备发展绿色、生态及有机等高附加值农产品的多重条件。根据弥勒市水土资源条件、经济社会、农业现代化发展需求和生态环境保护等诸多实际情况,规划重点在弥勒市各个镇发展高效节水灌溉项目,大力发展高效节水灌溉,用以保障粮食和经济作物的产量和品质。

规划发展弥勒市弥阳—新哨—东风片区、弥勒市竹园—朋普片区,弥勒市西一片区、弥勒市西二片区、弥勒市西三片区、弥勒市巡检司片区、弥勒市虹溪片区、弥勒市五山片区、弥勒市江边片区、弥勒市东山片区等9个片区的高效节水灌溉工程,共发展节水灌溉面积35万亩。其中管道灌溉面积18.3万亩,管道长度2754 km;喷灌灌溉面积1.2万亩,管道长度704 km;微灌灌溉面积15.5万亩,管道长度10215 km。弥勒市高效节水灌溉示范项目如表7-7所示。

表 7-7　弥勒市高效节水灌溉示范项目

片区名称	高效节水灌溉工程						
	合计/亩	管灌		喷灌		微灌	
		面积/亩	管道长度/km	面积/亩	管道长度/km	面积/亩	管道长度/km
弥勒市	350000	183000	2754	12000	497	155000	10215
弥阳—新哨—东风片区高效节水灌溉项目	157000	55000	39	12000	497	90000	5600
虹溪片区高效节水灌溉项目	40000	20000	420			20000	1750
竹园—朋普片区高效节水灌溉项目	70000	70000	1470				
西一片区高效节水灌溉项目	5000	2000	42			3000	95
西二片区高效节水灌溉项目	25000	9000	216			16000	1629
西三片区高效节水灌溉项目	5000	2000	42			3000	59
巡检司片区高效节水灌溉项目	30000	20000	420			10000	867
东山片区高效节水灌溉项目	3000	0	0			3000	56
江边片区高效节水灌溉项目	10000	5000	105			5000	87
五山片区高效节水灌溉项目	5000					5000	72

7.7 特枯水年抗旱对策

(1)加强灾害检测预警。加强应急值守,密切关注灾害性天气和灾害发生动态,及时发布预警信息并收集、核实和反映灾情信息,收到灾情信息后随时上报。

(2)落实防汛抗旱措施。抓紧修改完善应急预案,督导各地提前做好相关防范准备,切实消除安全隐患。根据灾害发生情况,适时启动相应级别的应急响应,积极争取有关部门支持,加大对灾区的救灾支持力度,及时派出工作组和专家组,深入基层,掌握实情,分析旱情发展趋势,研究对策措施,确保抗旱资金、物资等到位,将旱灾造成的损失降到最低程度。

(3)统一管理,科学调度。要结合实际加强水资源管理,科学调度,合理用水,努力提高水资源的利用率。

(4)突出重点,强化措施。要积极采取工程措施与非工程措施相结合、开源与节流相结合等办法;遵循"先生活、后生产,统筹兼顾、突出重点"的原则,做到保生活、保重点;用水困难的地方要积极组织力量打新井、恢复老井,抢修与兴建应急蓄水工程,增加抗旱设施;干旱特别严重的地方要组织力量及时送水,确保群众生活用水;狠抓灾后农业生产恢复,帮助灾区根据灾情特点,研究制定完善农业生产恢复方案,指导农民搞好生产自救。

8 水资源保护规划

8.1 水功能区划

水功能区是水资源保护的基本单元。根据弥勒全市水资源状况,结合市域境内经济社会发展需求,参考《红河州水功能区划》,本次规划对弥勒市内主要干流及规划水库所在河流进行水功能区划分。共设立一级水功能区15个,包括保留区5个,开发利用区8个,饮用水源区2个。二级水功能区8个,涵盖工业用水区1个,工业农业用水区3个,饮用水源农业用水区3个,以及农业工业用水区1个。弥勒市水功能区划成果见表8-1。

保留区是指目前开发利用程度不高,为今后开发利用和保护水资源而预留的水域,水质标准按现状水质类别控制。根据经济发展预测,小黑江、牛孔河、哈卜河下游近期无大规模的开发活动,划为保留区。

缓冲区是指为协调行政区划间、矛盾突出的地区间用水关系,以及在保护区与开发利用区相邻时,为满足保护区水质要求而划定的水域。根据绿春县的发展需求,一级区中没有缓冲区。

开发利用区主要是指能满足工农业生产、城镇生活、渔业和旅游等多种需水要求的水域。根据经济社会发展需求,开发利用区进一步划分为饮用水源、工业用水区、农业用水区等18个二级水功能区。

饮用水源区是指为满足城镇生活用水需求而设立的水域,水质标准遵循《地表水环境质量标准》(GB3838)Ⅱ、Ⅲ类水质要求。哈卜河上新建的路俄水库以及三角龙塘水库所在河段都被划为饮用水源区。

农业用水区是指为满足农业灌溉用水需求而设立的水域,水质标准遵循《地表水环境质量标准》(GB3838)Ⅴ类水质要求,若现状水质优于Ⅴ类则不低于现状水质类别。

8.2 水质现状及评价

8.2.1 水质现状评价

(1)河流水质评价。

本次水功能区水质数据采用2015年监测数据,通过对弥勒市现有的7个水功能区的水质进行双指标(COD、氨氮)评估,在全面、汛期和非汛期的水质状况进行了全面分析,并开展水功能区达标评价。

按河长进行河流水质评价:非汛期,水质达标率100%;全年和汛期水质达标率72.6%。

按水功能区个数进行河流水质评价:非汛期,水质达标率100%;全年和汛期水质达标率71.4%。

从表8-2中可以看出,根据非汛期监测结果,各水功能区基本均达标,全年和汛期均有1个不达标,主要由于汛期河道沿岸的面源污染物入河量大幅增加,说明农业、生活面源污染

表 8-1 弥勒市水功能区划成果表

序号	水功能区名称（一级）	水功能区名称（二级）	河流、湖库	范围 起	范围 止	长度/面积/(km/km²)	水质代表断面	水质现状	2030 年水质目标
1	南盘江宜良—弥勒保留区	—	南盘江	入市境（万福）	木林柏	109	小龙潭	III	III
2	南盘江弥勒—丘北开发利用区	南盘江弥勒—丘北工业用水区	南盘江	木林柏	雷打滩电站坝址	74	江边街	IV	III
3	南盘江文山—弥勒崇保留区	—	南盘江	雷打滩电站坝址	出市境（窄垭口）	18.4	云鹏电站	III	III
4	甸溪河泸西—弥勒保留区	—	甸溪河	入市境	弥勒山外	17.8	弥勒山外	III	III
5	甸溪河弥勒开发利用区	甸溪河弥勒农业、工业用水区	甸溪河	弥勒山外	弥勒矣厦	93.8	尤家寨、锁龙寺	III	III
6	甸溪河弥勒保留区	—	甸溪河	弥勒矣厦	南盘江入口	14	甸溪河南盘江入口	III	III
7	白马河弥勒保留区	—	白马河	雨补水库坝址	入甸溪河口	10.8	大凹革	IV	III
8	太平水库弥勒开发利用区	太平水库弥勒农业、渔业用水区	甸溪河	库区起始	水库坝址	7.9	太平水库	V	III
9	雨补水库弥勒开发利用区	雨补水库弥勒农业、工业用水区	白马河	库区起始	水库坝址	2.32	雨补水库	IV	III
10	洗洒水库弥勒开发利用区	洗洒水库弥勒饮用、农业用水区	花口河	库区起始	水库坝址	0.9	洗洒水库	IV	III
11	租舍水库弥勒开发利用区	租舍水库弥勒农业、工业用水区	里方河	库区起始	水库坝址	1	洗洒水库	IV	III
12	大可河弥勒源头水保护区	—	大可河	大可河源头	葫芦口水库起始	4.5		III	III
13	大可河弥勒开发利用区	大可河弥勒饮用、农业用水区	大可河	葫芦口水库起始	龙泉水库坝址	11.1	大回革	III	III
14	野则冲河弥勒源头水保护区	—	野则冲河	野则冲河源头	可乐水库起始	12		III	III
15	野则冲河弥勒开发利用区	野则冲河弥勒饮用、农业用水区	野则冲河	可乐水库起始	入河口	10.5		III	III

表8-2 弥勒市水功能区基准年水质现状双因子达标评价分析表

序号	水功能一级区	长度/面积/(km/km²)	代表断面	水质目标	全年			汛期			非汛期		
					水质现状	达标评价	主要超标因子	水质现状	达标评价	主要超标因子	水质现状	达标评价	主要超标因子
1	南盘江宜良—弥勒保留区	109	小龙潭	Ⅲ	Ⅲ	达标	无	Ⅳ	达标	无	Ⅲ	达标	无
2	南盘江弥勒—丘北开发利用区	74	江边街	Ⅳ	Ⅲ	不达标	无	Ⅳ	不达标	无	Ⅲ	达标	无
3	南盘江文山—师宗保留区	18.4	云鹏电站	Ⅲ	Ⅲ	不达标	无	Ⅳ	不达标	—	Ⅲ	达标	无
4	甸溪河泸西—弥勒保留区	17.8	弥勒山外	Ⅲ	Ⅲ	达标	无	Ⅲ	达标	—	Ⅲ	达标	无
5	甸溪河弥勒开发利用区	93.8	尤家寨、镇龙寺	Ⅲ	Ⅲ	达标	无	Ⅲ	达标	无	Ⅲ	达标	无
6	甸溪河弥勒保留区	14	甸溪河南盘江入口	Ⅲ	Ⅲ	达标	无	Ⅲ	达标	—	Ⅲ	达标	无
7	白马河弥勒保留区	10.8	大凹草	Ⅲ	Ⅲ	达标	无	Ⅲ	达标	—	Ⅲ	达标	无

是影响河流水质的重要因素。

(2)湖库水质评价。

弥勒市有 4 座水库参评,洗洒水库、太平水库的水质为Ⅱ类;雨补水库、龙泉水库的水质为Ⅲ类;租舍水库的水质为Ⅳ类。这些水库的主要超标项目为总磷和高锰酸盐指数,5 座水库均为中营养状态。

8.2.2　现状水生态问题分析

(1)污染源治理迫在眉睫。

目前全市水质总体状况良好,城镇污水处理率达到 85% 以上,但弥阳镇、竹园镇、朋普镇等主要乡镇的生活污水主要排入甸溪河,且这些村镇均没有建设污水处理系统。农业面源污染严重导致汛期河流水质较差。此外,全市登记的入河排污口仅有 5 个,需加强入河排污口的管理力度。

(2)水源地保护有待加强。

目前城镇用水水源地尚未划定保护区,导致饮用水水源地周边自然植被人为破坏严重,农业、生活面源污染威胁增加。2014 年,花口龙潭、洗洒水库水源地因氨氮超标,水质为Ⅴ类。农村集中式管理保护工作任务较为繁重,水质检测次数较少,水质达标率偏低。

(3)石漠化现象较为突出。

在喀斯特脆弱生态环境下,弥勒市石漠化现象较为突出,由于城市化进程、植被破坏、陡坡开荒,地表逐渐裸露,土地资源流失。目前,全市石漠化面积为 553.1 km²,占土地面积的 12.6%,其中重度石漠化面积为 123.8 km²,占石漠化面积的 23.2%。因此,我们急需加强水源涵养,水土保持和防御措施,并加大监管力度。

8.3　入河排污总量控制意见

8.3.1　纳污能力

水功能区纳污能力是指在水域功能要求的水质目标、设计(枯水)流量条件下,根据排污口分布和排放方式,测算出水功能区水体所能容纳的最大污染物量。规划采用 COD 和氨氮作为污染物控制指标。

纳污能力以水功能区为单元进行核算,在此基础上,将各水功能区的纳污能力汇总至河流水系。现状条件下,计算纳污能力的设计流量采用 90% 保证率的最枯月平均流量。对于集中式饮用水水源地,设计流量则采用 95% 保证率的最枯月平均流量。在规划水平年,设计流量需在现状基础上扣除规划水平年新增耗水量。

弥勒市境内河流较小、宽深比不大,污染质在较短的河段内基本能在断面内均匀混合,断面污染物浓度横向变化不大。因此,纳污能力计算采用一维水质模型。各水功能区计算河段内的多个排污口概化为一个集中的排污口,考虑到水库一般禁止排污,因此全市水库不计算纳污能力。2030 年弥勒市水功能区纳污能力 COD 为 8467.78 t/a,氨氮为 664.92 t/a。弥勒市河流水系水功能区纳污能力统计结果见表 8-3。

表 8-3　弥勒市各水功能区重要污染物纳污能力　　　　　　　　（单位：t/a）

序号	水功能区名称（一级）	纳污能力	
		COD	氨氮
1	南盘江宜良—弥勒保留区	1659.39	48.18
2	南盘江弥勒—丘北开发利用区	2371.75	215.34
3	南盘江文山—师宗保留区	250.68	7.28
4	甸溪河泸西—弥勒保留区	481.12	45.87
5	甸溪河弥勒开发利用区	2539.66	239.13
6	甸溪河弥勒保留区	49.41	2.74
7	白马弥勒保留区	291.92	27.83
8	大可河弥勒源头水保护区	97.31	9.28
9	大可河弥勒开发利用区	240.02	22.88
10	野则冲河弥勒源头水保护区	259.48	24.74
11	野则冲河弥勒开发利用区	227.05	21.65
	合计	8467.79	664.92

8.3.2　污染物排放量及入河量预测

8.3.2.1　调查对象和内容

污染类型分为点源和面源。点源的污染物排放量，包括工矿企业和城镇生活污水排放的污染物；面污的污染物排放量包括农村生活、畜牧养殖和耕地流失产生的污染物。

8.3.2.2　污染源估算方法

1. 点源污染估算方法

（1）点源污染源排放量估算方法。

弥勒市内居民及工业企业较分散，城镇生活污水及工业废水很多在县城以外的乡镇及周边排放，排水系统大多是未经规划的天然沟渠，因此对污水量缺乏监测数据。鉴于此，弥勒市城镇生活污水和工业废水的排放量统计以 2015 年现状用水量为基础，扣除耗水量后得到污水排放量。根据云南省污水排放的平均情况，城镇生活污水及工业废水排放系数分别取 0.662 和 0.561，污染物浓度参考城镇污水处理厂出水的污染物浓度。即：

点源污染物排放量＝（污水量1×排放系数1＋污水量2×排放系数2）×污染物浓度

（2）点源污染物入河量估算方法。

污染物从排放至进入主要水功能区，会经过管道、沟渠、小支流汇流等一系列过程，最终经入河排污口只有一部分废污水和污染物能最终流入功能区水域，由排污口进入受纳水域的废污水量和污染物量，统称为废污水入河量和污染物入河量。进入功能区水域的污染物量占污染物排放总量的比例即为污染物入河系数，通过对不同地区典型污染源的污染物排放量和入河量的监测、调查，充分利用各职能部门的污染物排放量和污染物入河量资料确定污染物入河系数。本规划的入河系数参考了相似流域点源的污染物入河系数。即：

$$点源污染物入河量＝点源污染物排放量×入河系数$$

鉴于现状年弥勒市流域范围内污水处理率较低，考虑规划水平年污水处理率会有所提高，在本次规划中，全市污染物入河系数现状年为 0.85，规划水平年为 0.7。

2.面源污染估算方法

(1)农村生活产物。

由于云南山区的地域特性，弥勒市农村生活污水相对于平原和丘陵地区更加分散，难以统计。此外，由于经济社会发展相对滞后，农村生活用水量缺乏监测数据。根据上述情况，弥勒市农村生活用水量的计算以人口数与用水定额为基础，排放系数参考点源城镇生活污水排放系数取 0.8，污染物入河系数参考相似流域相关指标取 0.15。即：

$$污染物入河量＝用水量×排放系数×污染物浓度×入河系数$$

(2)耕地产污。

根据相似地区的单位耕地面积化肥施用量(均值 19 kg/亩)，由弥勒市耕地面积计算出化肥施用量，然后折算出有效成分的施用量。COD 流失量取化肥施用量的 8.15%，总氮在化肥中的比例为 14.9%，总氮流失率取 60%，占化肥施用量的 8.94%，氨氮的流失量为总氮流失量的 10%，入河系数参考相似流域相关指标取 0.1。

据此，弥勒市耕地化肥施用量为氮肥 19 kg/亩，则总氮的流失量为 11.4 kg/亩，入河量为 1.14 kg/亩；氨氮的流失量为 1.14 kg/亩，入河量为 0.114 kg/亩；COD 流失量为 10.39 kg/亩，入河量为 1.04 kg/亩。

即：

$$污染物入河量＝耕地数量×单位耕地污染物入河量$$

(3)畜禽养殖产物。

根据我国已有的研究成果，禽畜污染物排放系数和禽畜排泄物中污染物含量参考值见表 8-4、表 8-5。

表 8-4　禽畜排泄物日排放定额　　　　　　　　　　(单位：kg/(只))

禽畜种类	猪	牛	鸡/鸭	大牲畜	羊
排泄量	3.5	25	0.10	10	2

注：大牲畜包括驴、马、骡子；牛包括奶牛、肉牛。

表 8-5　禽畜排泄物污染物含量

项目	猪	牛	鸡/鸭	大牲畜	羊
总氮/(%)	0.56	0.35	1.6	0.35	1.22
总磷/(%)	1.68	0.44	0.54	0.04	0.26
COD/(%)	3.90	2.40	3.90	2.40	3.90
NH_3-N/(%)	0.21	0.14	0.15	0.14	0.46

以大牲畜为基准，一头大牲畜每天的排泄物量等于 51 只小牲畜的排泄物量。将小牲畜折算为大牲畜后，可计算出综合牲畜量及综合牲畜含污量，即：综合牲畜量＝大牲畜＋小牲畜/51。入河系数参考相似流域相关指标取 0.12。即：

污染物入河量＝综合畜禽量×10 kg/只×365×污染物含量×入河系数

8.3.2.3　污染物入河量计算结果

弥勒市河流水质污染以面源污染为主,因此在以水功能区纳污总量控制和入河污染物限排总量控制为核心的水资源保护规划中,以城镇居民生活污水和工业废水等点源污染物控制为重点,并进行点源污染物的预测。根据需水预测结果,结合各规划水平年的经济技术水平,进行污染物排放量和入河量的预测。2030年,弥勒市污染物入河量COD为6848 t/a,氨氮为1011 t/a。详情见表8-6。

表8-6　弥勒市2030年染物排放量及入河量表　　　　　（单位:t/a）

乡镇	排放量		入河量	
	COD	NH₃-N	COD	NH₃-N
弥阳镇	6585	1046	3463	448
新哨镇	1965	441	436	71
虹溪镇	1640	303	290	43
竹园镇	1618	337	443	66
朋普镇	2052	375	548	77
巡检司镇	1810	453	341	63
西一镇	1577	304	236	38
西二镇	2033	579	317	69
西三镇	1227	276	197	35
五山乡	1200	276	181	33
东山镇	1569	300	239	38
江边乡	1076	249	157	29
合计	24352	4939	6848	1010

随着市内乡镇工业发展和城镇化率的提高,污染物排放量和入河污染物逐渐增加,入河污染物总量将大量增加。在规划水平年,随着污水处理系统逐步完善,工业废水达标排放和城镇居民生活污水集中处理水平不断提高,入河量增加幅度将相对较小。

8.3.2.4　污染物入河排污总量控制方案

以水功能区为单元,根据各水功能区纳污能力和现状污染物入河量,综合考虑当地经济条件和社会发展趋势,提出各水功能区规划水平年COD和氨氮入河控制量,作为水资源保护和水污染防治工作的依据。

入河限制排污总量按照水功能区确定,确定原则是改善饮用水源区水质,维持保留区、缓冲区水质,充分利用水域纳污能力确定其他类型水功能区限制排污总量。因此,保留区水质要求维持现状,入河限制排污总量按现状污染物入河量控制,开发利用区入河限制排污总量按照二级水功能区划要求确定,其中饮用水源区取纳污能力和现状污染物入河量较小者,其他二级水功能区按计算的纳污能力计算。此外,考虑弥勒市发展需求,涉及龙泉水库、可乐水库等作为水源地的水功能区,入河限制排污总量取纳污能力。规划水平年污染物入河量与其纳污能力的差值即为该水功能区的污染物入河削减量,该削减量为未采取污水处理措施的待削减的污染物量。规划水平年污染物削减量见表8-7。

表8-7 弥勒市2030年入河污染物削减量 （单位:t/a）

乡镇	纳污能力		入河量		需削减量	
	COD	NH₃-N	COD	NH₃-N	COD	NH₃-N
弥阳镇	525.4	43.4	3462.7	447.9	2937.3	404.5
新哨镇	458.3	38.1	436.1	71.1	0	33.0
虹溪镇	414.1	34.7	289.5	43.3	0	8.6
竹园镇	459.8	38.3	442.8	66.2	0	28.0
朋普镇	907.1	73.4	548.3	77.4	0	4.1
巡检司镇	874.1	70.8	340.9	62.6	0	0
西一镇	732.4	59.7	236.1	37.8	0	0
西二镇	779.6	63.4	317.3	68.9	0	5.5
西三镇	371.4	31.3	196.7	34.9	0	3.6
五山乡	537.0	44.3	180.9	33.3	0	0
东山镇	917.5	74.2	239.5	38.0	0	0
江边乡	1186.3	85.3	157.2	29.4	0	0
合计	8163.0	656.9	6848.0	1010.8	2937.3	487.3

8.4 水资源保护对策与措施

8.4.1 加强水污染防治

(1)污水处理厂建设。

本次规划通过未来城镇、工业、农村发展和人口增长,以及现有污水处理厂的设计规模和经济效益进行分析,预测出2030年弥勒市总污水产生量和污染物入河量,在此基础上计算出在不超纳污能力的情况下仍需削减的污染物量。本次拟规划污水处理厂、排水管网和中水利用新建及改扩建工程,设计污水处理能力50510 t/d。弥勒市2030年污水处理厂建设情况如表8-8所示。

表8-8 弥勒市2030年污水处理厂建设情况 （单位:t/d）

序号	乡镇	设计污水处理能力	排放标准
1	弥阳镇	25010	一级B
2	新哨镇	3500	一级B
3	虹溪镇	2000	一级B
4	竹园镇	3000	一级B
5	朋普镇	5000	一级B

序号	乡镇	设计污水处理能力	排放标准
6	巡检司镇	3000	一级 B
7	西一镇	1000	一级 B
8	西二镇	3000	一级 B
9	西三镇	2000	一级 B
10	五山乡	1000	一级 B
11	东山镇	1000	一级 B
12	江边乡	1000	一级 B
	合计	50510	

（2）加大排污口整治。

根据水利普查入河排污口调查统计成果及红河州环保局提供的云南省 2014 年规模以上（年废污水排放量 10 万 m^3）的工业企业排污口名录，发现弥勒市现状批准登记的入河排污口有 5 个，我们需要加强监督检查，使污水排放标准符合水资源保护规划和水功能区划的要求，还应服从于水功能区水质管理目标及污染物总量控制管理目标，废污水排放不仅需要符合国家标准或地方标准，还应符合有关入河排污口设置技术规范要求。

（3）继续推行清洁生产。

针对弥勒市的清洁生产工作，环保部门会同工业管理部门对全市传统产业类企业的生产工艺进行一次全面清洁生产审计，并就企业的工艺改造提出具体意见，作为全市产业结构调整和传统工业改造的依据。在新建项目审批中，突出生产工艺的清洁生产审计，鼓励企业对废水的回收利用工作，提高工业用水的重复利用率，减少废水排放。对条件较好的企业，要有计划、有步骤地引导其向更高层次发展，积极创建清洁生产合格单位。各工业园区是今后弥勒市清洁生产推行的重点。

（4）生活污水治理措施。

生活污水的产生量随着人口增加和生活水平的提高而增加，弥阳镇、竹园镇、朋普镇等主要乡镇生活污水主要排入甸溪河，导致水体污染。目前，弥勒市已经建立了弥勒污水处理厂，对城市生活污水进行收集处理和达标排放，每年可处理 500 多万立方米的城市生产生活污水，有效减轻甸溪河水污染风险。由于污水处理设施及其收集管网建设工程庞大，投入资金大，目前城镇污水处理率达到了 85% 以上，村镇均没有建设污水处理系统。

市环保部门已经规划完善现有污水处理设施和污水管网系统，改造升级现有污水处理设施，提高污水处理厂排放控制标准，向一级 B 标准看齐。部分地区根据地方标准或流域水质要求，提高至一级 A 或更严格的标准。对于尚未建设污水处理设施的村镇逐步推进集中生活污水处理设施的建设。

（5）农村垃圾集中处理措施。

弥勒市应大力加强农村垃圾收集和处置工作，实行"统一收集、就地分类、综合利用、无害化处理"。建立和完善农村中小企业产生的工业废物、危险废物、医疗废物的收集、运输、处理体系；建立和完善建筑垃圾的收集、运输、处理体系；建立和完善公路和村域联动的垃圾收集、运输、处理体系；完善卫生长效管理机制，建立"村收集、镇中转、市处置"的垃圾收集处置体系,落实"三有"机制,探索实施生活垃圾处理收费制度;积极探索生活垃圾分类收集、分类处理途径,组织开展试点工作,实现垃圾处理的无害化、减量化和资源化;对于沿河放置的垃圾桶,需搬移至距离河道一定距离的范围内,防止垃圾直接入河,造成水体污染。

针对农村居民的生活水平和生活习惯,以及农村居民对垃圾分类的可接受程度,将农村生活垃圾分为食物性垃圾和非食物性垃圾。非食物性生活垃圾单独收集、运输,并根据环卫管理部门的要求进行处理;食物性生活垃圾由村集中收集,统一运送至村生活垃圾生物处理器进行处置,采取"户分类、村收集、镇转运、县处理"的三级处理模式。

(6)农业面源控制措施。

有相当面积的蔬菜、粮食主产区分布在自然水体沿岸,大量氮、磷营养物随地表径流冲刷进入地表水,加剧水体富营养化,增加水体污染治理的难度。畜禽养殖特别是规模化养殖场已成为农村面源污染的主要污染源,并成为危害农村居民生活环境的主要因素。

面源污染包括农业生产过程中农药化肥的使用、畜禽粪便类污染以及分散式的家庭作坊等。在农药化肥施用方面,北部以丰产经济作物为主的县市较南部传统作物为主的县市污染问题更为严重;农村沼气的普及率明显不足,畜禽粪便的利用率低,导致农村面源污染加剧。应划分畜禽养殖禁养区和限养区,要求各养殖场建设配套的污染防治设施,对禁养区内的畜禽养殖场落实关停转迁计划,加强生态养殖标准化建设。要加快畜禽养殖粪便的资源化利用,提高沼气的普及率,推进全市各乡镇沼气等生物工程的实施与应用。还需积极引导推进产品科技含量不高、生产方式落后的家庭作坊式经营模式向集中产业化转变。

8.4.2 集中式供水水源地保护

(1)饮用水水源地保护现状。

弥勒市划定洗洒水库、花口龙潭、清水龙潭、小宿依、保云、葫芦口、江边、野则冲等水库为城市饮用水源地,大树龙潭为城市备用饮用水源地,雨补水库作为农业、工业、乡镇生活水源地。目前,部分城镇用水水源地没有划定水源保护区,由于库区区域大、污染总量多,饮用水源地周边自然生态植被遭受人为破坏,农业、生活面源污染威胁增加。以花口龙潭、洗洒水库水源地为例,2014年其水质氨氮超标,达到Ⅴ类水质标准。农村饮用水源地管理保护工作任务较为繁重,水质检测次数较少,水质达标率偏低。

对于水库型集中饮用水源地,附近村寨居民产生的生活污水多为地表漫流,生活污水随意排放,垃圾就地填埋,未经处理的污水就近排入沟渠或渗漏入库;农业生产使用的化肥、农药及除草使用的除草剂等残留物随地表径流进入水体,也成为主要污染源。

(2)保护基本原则。

①坚持实事求是的原则,在全面调查饮用水水源环境现状基础上,充分考虑环境、经济与社会协调发展等因素,保护方案要做到重点突出,注重实效。

②坚持预防为主,防治结合的原则,加快水源保护,减少污染排放。

③满足饮用水水质达到国家规定标准的原则。在优先保护饮用水水源地水质达到国家规定标准和保障人民群众饮水安全的前提下,实现水源地的可持续开发利用,使城市饮用水水源水量充足、水质优良,实现水源地水生态系统良性循环。

(3)保护目标。

将弥勒市各饮用水水源区内的湖库均规划为饮用水一级水源区,水质目标执行《地表水环境质量标准》(GB3838)Ⅱ类标准。到2030年,饮用水水源一级保护区内的排污口全部取缔,未取缔的排污口,必须进行污水处理,达标排放,基本遏制住饮用水水源地环境质量下降的趋势。

(4)水源地保护与防治。

本次规划主要围绕城市饮用水源地开展水质达标建设,加强饮用水源地管理保护和周边水环境卫生综合治理。划定小宿依、保云、葫芦口、江边、野则冲等水库为饮用水源地保护区。建设洗洒水库引水入库生态湿地,种植水生植物,净化和吸收氨氮、总氮等污染物,使洗洒水库水质尽快恢复到Ⅲ类以上标准。划定乡镇集中供水水源地保护范围,设立防护隔离围墙、围栏等,建设弥勒市水质检测中心,加大监测力度。通过生活污水处理、垃圾收集处理、环库生态治理和新建水源地隔离网等措施对洗洒水库、大树龙潭、花口龙潭水源地进行综合治理。

①工程措施。

a.保护区:主要位于小流域坡脚线以上区域,土地利用类型以有林地和疏林地为主,间有小块草地。方案考虑对生态保护区内的林地、疏幼林地和草地均采取封山禁牧、封育保护等措施,减少人为破坏森林植被的行为,从而快速恢复植被,提高林分质量。对于具有天然下种能力或萌蘖能力的荒山,以及人工造林困难的高山、陡坡、岩石裸露地,经封育可望成林或增加林草盖度的地块实行封山育林育草,发挥生态自我修复功能,加快森林植被恢复速度。一般较偏僻的宜封地区,实行全封;对于当地群众生产、生活和放牧有实际困难的近山地区,可采取半封或轮封。采取的措施有设立封禁标碑20个、新建护栏500 m等。

b.修复区:以水源区保护为核心,除对流域内面源污染进行治理外,为改善水源区水库水质,计划在流域内河道两侧设置生物缓冲带,进一步过滤净化外围径流,提高水质,同时在河道外侧靠近农田区域设置生态沟渠,收集农田污水进入规划湿地处理,减少面源污染,提高水质。

c.治理区:根据3个水源地所在小流域的实际情况,在生态治理区内考虑建设水土保持林、经济果木林,加紧推进村容村貌工程、村庄污染物治理工程、农业面源污染防治工程、道路工程、能源工程的建设。

②非工程措施。

a.加强对集中式供水水源水质的监测,以便及时发现、跟踪突发性水污染事故。

b.严格控制水源地周围陆域的排污企业,逐步关闭水源保护区内的排污口和污染源。

c.拆除或关闭已建成的与供水设施和保护水源无关的建设项目,禁止在库区内从事旅游、网箱养殖、游泳、垂钓或者其他可能污染饮用水水体的活动。

d.加强水源保护区保护宣传力度,引导公众积极参与保护。通过建立信息发布等制度强化公众监督,营造全社会保护饮水安全的浓厚氛围。

8.4.3 加强水土流失综合治理

弥勒市土地面积4404 km²,岩溶面积2595.46 km²,占国土面积的66.5%;石漠化面积553.1 km²,占岩溶面积的21.3%,其中重度石漠化123.8 km²,占石漠化面积的23.2%;中度石漠化面积348.4 km²,占石漠化面积的63%;轻度石漠化面积80.93 km²,占石漠化面积的14.6%。石漠化地区主要分布在东西两翼山区,分布面积广,山高坡陡,坝区的半山区和昆河公路沿线也有部分面积分布。石漠化综合治理是一项十分复杂的系统工程,治理措施涉及多方面的内容,应遵循"分步实施,突出重点"的原则,采取封育治理与人工治理相结合,加快林草植被的保护和建设,合理开发和利用水土资源,建设基本农田,优化农村能源结构,采取易地扶贫搬迁等措施,减少人为破坏,促进自然恢复。

8.4.3.1 预防保护与监督管理规划

(1)建立完善配套的水土保持法规体系,健全执法机构,提高执法队伍素质,规范技术服务工作,全面落实水土保持"三同时"制度。落实管护责任,有效控制人为因素造成的水土流失,从根本上扭转生态环境恶化的趋势,从而使植被覆盖率大幅度提高,水土资源得到有效保护和可持续利用,为全面建设小康社会提供支撑和保障。

(2)各级政府建立护林组织,制定乡规民约,并配备专业的护林队伍。针对滥砍滥伐行为,要及时制止,并依法严肃处理。对有林地进行开发利用必须遵循不破坏林草资源和水土保持的原则。采取轮封轮采措施,切实加强封山育林工作,通过封育、抚育、新造相结合的方式,积极改造次生林。定期检查树木生长情况,加强抚育管理和病虫害防治工作。

(3)预防农业生产活动造成水土流失。

严禁毁林开荒、烧山造林和全垦造林,同时禁止在25°以上的陡坡地开荒。对于25°以下5°以上的可垦坡地,应全面规划与统筹安排,确保在水土保持措施和实施方案上有所体现,防止产生新的水土流失现象。严禁在水土流失区内铲草皮、挖树兜和刨草根。

8.4.3.2 综合治理规划

根据地形条件,弥勒市水土保持综合治理以小流域为单元,在全面规划的基础上,合理安排农林牧渔各业用地,布置各种水土保持措施,使之互相协调、互相促进,形成综合的防治措施体系。

弥勒市现有水土流失面积441 km²,规划至2030年,弥勒市将治理水土流失面积150 km²。加快推进区域水土保持重点项目、坡耕综合治理项目,治理水土流失面积47 km²,共涵盖西一镇、西二镇、虹溪镇等多个镇。

(1)工程措施。

坡改梯工程主要布设在6°~25°的坡耕地,地埂因地制宜采用石坎或土坎。

谷坊、拦沙坝等小型水利水保工程能够拦蓄地表水和贮蓄降水,主要用于农作物、经果林的灌溉以及解决部分人畜饮水问题。塘堰一般布设在居民点附近、有溪流流经的低洼地。蓄水池一般布设在坡脚和坡面局部低洼处,与排水沟终端相连,用以容蓄坡面径流。沉沙池一般布设在蓄水池进水口上游附近,排水沟排出的水先进入沉沙池进行沉淀,再进入蓄水池。

截水沟、排洪沟等坡面沟渠工程布设在侵蚀沟头和坡耕地上方,排导坡面径流,减轻坡面冲刷。

(2)植物措施。

植物措施布设的基本原则是在山顶造林种草和封山育林,发展防护林,培育草地;山腰发展薪炭林、用材林和种草,护坡固土;房前屋后种植经济果木林和速生丰产林,发展庭院经济。

8.4.3.3 水土保持监测规划

(1)监测目的。

全面准确地了解影响项目实施区域水土流失的主要因子、水土保持措施数量、质量及效益情况等信息,为项目主管部门分析了解项目执行情况、研究对策和实行宏观指导提供依据。

(2)监测依据。

根据《中华人民共和国水土保持法》《中华人民共和国水土保持法实施条例》《水土保持监测网络管理办法》等法律法规及《水土保持监测技术规程》(SL277)、《水土保持综合治理 效益计算方法》(GB/T 15774)等规范和技术标准。

(3)监测内容。

①监测流域水土流失的分布、面积与流失量的逐年变化、植被结构变化,监测工程、植物、农业技术措施等治理措施的总体效益的消长演变情况及生态环境动态变化过程。

②对该区开发建设项目的分布、影响面积以及开发建设前后和开发建设过程中造成的水土流失状况、弃土弃渣量、位置、破坏地表植被状况及所造成的危害、开发建设单位和个人在开发建设过程中采取的水土保持措施进行动态监测。

③对各项水土保持工程、植物措施逐年的变化情况、水土流失治理进度、措施数量与质量进行监测。

④对水土保持经济效益进行监测,监测项目在实施过程中和结束后土地经营的投入产出比例、社会经济的投入支出结构变化情况及农户经济的收支结构和数量的变化情况,监测流域治理后的经济效益和给当地社会经济状况带来的变化以及流域治理后经济状况的动态等。

(4)监测方法。

主要通过遥感监测、站点观测及典型调查。

(5)监测站网规划。

根据监测体系分级,弥勒市内设监测分站及监测点,包括弥勒市水土保持站和迎春、白马、花口等3个监测点。今后,将根据水土保持事业的发展需求,对水土保持监测工作进行相应调整和优化。

9 防洪及山洪灾害防治规划

9.1 洪涝灾害

弥勒市地处低纬度滇南中心高原盆地,地形多样,包括低山、河谷等,气候类型属北亚热带季风气候,具有明显的雨热同季、干湿分明、垂直差异等特点,同时旱涝交替,洪涝灾害较为频繁。

弥勒市境内主要河流有南盘江及其支流甸溪河。南盘江弥勒段河道深切,高山峡谷段高差可达 400 多米,干流中巡检司镇离河道较近,洪水主要影响的河段多位于支流。

甸溪河是南盘江左岸的一级支流,沿河共辖 4 个镇,是弥勒市人口最密集、经济最发达的区域,也是遭受洪水威胁最严重的区域,干流受洪水影响的人口达 10.7 万人,耕地面积 15.6 万亩。

据不完全史料记载,弥勒市洪涝灾害频繁,几乎每两年发生一次,且近年来灾害损失越来越严重,其中,1999 年、2006 年等年份的洪水灾害造成了较大的损失。

1999 年 10 月 11 日,弥勒市连降暴雨,持续时间长达 4 小时 30 分,降雨量达 130 mm,造成城东、城西、铺田等地的居民房屋倒塌,大多数居民家中进水。洪水冲毁 102 亩良田、6 座坝塘、14 条 132 km 的乡村公路以及 64 间民房,造成 1084 间危房。此外,输电线路损坏 5800 m,人员死亡 15 人,9 人重伤,淹死大牲畜 103 头,造成弥阳镇脚落沼、小松棵村和新哨山心村山体滑坡加剧,涉及 229 户 991 人的搬迁。全县范围内,洪涝灾害导致 69 万亩农作物受损,其中 33 万亩成灾,3.15 万亩绝收。

2006 年,弥勒市发生洪涝灾害,全市 10 个乡镇共计 10039 人受灾。在此次灾害中,房屋 7 间倒塌,农作物受灾面积达 16635 亩,粮食减产 300 吨,沟堤损坏 4 处,坝塘受损 2 件,共造成 802 万元的直接经济损失。

9.2 现状及存在的问题

9.2.1 现状基本情况

1. 植被条件

由于弥勒市农地开发程度较高,导致主要河段地表植被覆盖率下降,水土流失问题较严重。土壤失去涵养水分的能力,每逢汛期,洪水携带大量泥沙冲向下游坝区,河道内沉积,造成河道淤积、河床抬高,有效行洪断面变窄。

2. 气象条件

弥勒市年平均降雨量 966 mm,其中干季(11 月至次年 4 月)降雨量 140 mm,占多年平均降雨量的 14.5%。雨季(5 月至 10 月)降雨量 826 mm,占多年平均降雨量的 85.5%。在流域内,产生暴雨的天气系统主要有低槽、切变、低涡、副高边缘等,而大暴雨多数是由低涡与低槽类天气系统所造成。这些短历时的暴雨强度比较大,多年平均最大一日降雨量 67.7 mm,易造成局部洪水。实测数据显示,最大一日降雨量 149 mm,降水量大于 50 mm 的年平均天数为 1.7 天,实测最大 1 h 暴雨降雨量 61.7 mm。

3. 河道自然因素

流域内地貌类型主要有:①中切割中山陡坡构造剥蚀地貌,分布于区域中部的龙川江两岸,由燕山区花岗岩组成,山顶浑圆,波状起伏,显示花岗岩区独特的地貌特征;②深切割高中山缓坡侵蚀构造地貌,分布于区域东部边缘的西侧,由下古生界变质岩组成,山顶锥状,山脊呈耆状波状起伏,河谷呈"V"形;③浅切割低中山缓坡侵蚀构造地貌,分布于龙川江东部的高黎贡山西侧,由新生界砂泥岩组成,其形态接近于丘陵地形,波状起伏,低矮而平缓。

多数河段为冲刷淘蚀型河道,河岸低矮单薄,河堤主要由砂质黏土、含砾、泥粉细砂等组成,易受河水冲刷、淘蚀,河岸吊脚严重,局部地段垮塌。

4. 治理情况

河道两岸农田多数不设防,治理程度低,没有固定的河堤,导致两岸形成较多的滩涂地,加之天然河道曲率大,河床摇摆不定,部分河道内淤积严重,行洪不畅。已建堤防也以天然土堤居多,建设标准低,存在大量安全隐患,且堤身普遍单薄、低矮,防洪能力差。已建部分水闸年久失修,操作不畅,影响防洪安全,急需维护。为灌溉取水、交通等兴建的部分拦河、跨河建筑物达不到设计洪水标准要求,减小行洪断面,降低河道流速,造成河道阻水。局部河段河床采砂活动盛行,容易对堤防造成淘刷,影响堤防安全。

9.2.2　存在问题

(1)河道整治投入不足,未能形成有效、完善的防洪体系。

河道缺乏系统有效的治理。河道堤岸低矮单薄,河道过流能力不足,虽然沿线有一些河段有加高、加固,但不能形成封闭的保护范围,洪水灾害依然严重。受财力、物力等限制,当地政府无力对河道堤岸进行加高培厚和衬砌以形成完整的防洪体系,无法从根本上解决洪水灾害。

(2)沿河两岸堤顶宽度普遍偏窄。大部分河段左、右岸都无法通车,远远没达到组织防汛抢险的交通要求。

(3)河岸抗冲性差,局部地段垮塌严重。河道两岸为粉细砂,沿河没有护岸工程,河岸抗冲性差,受洪水的冲刷淘蚀,局部地段河岸垮塌。两岸堤防除少数地段作过砌护外,大多数堤岸均未做砌护处理,堤防因河底未护砌而造成冲刷拉槽淘脚严重。

(4)虽然非工程措施已经初步建立,但投入有待进一步加强。加强防汛抗旱信息化系统建设,增加防汛抗旱物资储备,完善防汛抗旱指挥系统和应急通信系统,加强弥勒市已建中小型水库防汛通信预警系统建设。

9.3 重要城镇防洪治涝规划

9.3.1 治理范围及治理标准

弥勒市受灾频繁且损失比较严重的区域主要位于弥阳城区段、甸溪河两岸和南盘江西二镇、巡检司镇。因此,本次规划提出弥阳、新哨、竹园、朋普、西二、巡检司、东风农场管理局等7个乡镇集镇为重点防洪保护区,其他各乡镇分别设防的防洪总体布局方案。重要防洪保护区主要涉及甸溪河、花口河下游和南盘江干流。

根据《防洪标准》(GB50201)和《防洪规划编制规程》(SL669),城镇应该根据其社会经济地位的重要性或非农业人口的数量划分等级,防洪标准根据城镇等级确定。乡村应根据其人口或耕地面积划分等级,防洪标准根据乡村等级确定。综合考虑弥勒市城市规划发展及社会、经济等方面因素,弥勒市城区河段应达到30年一遇的防洪能力,其他河段按各自保护的人口和耕地面积设立防洪标准。由于各防护区人口均未超过20万,耕地面积不超过30万亩,等级定为Ⅳ等,相应的乡村河段治理标准采用10年一遇,确定堤防工程级别为5级。

根据《治涝标准》(SL723),村、镇河段为一般涝区,治涝标准为10年一遇24小时暴雨24小时排除;农田河段结合种植作物结构,治涝标准为10年一遇24小时暴雨72小时排干,田面无积水。排涝设施分别根据《水闸设计规范》和《泵站设计规范》确定水闸和泵站的等别及建筑物级别。

9.3.2 防洪规划

弥阳镇处于三江交汇处,同时受白马河、花口河和甸溪河干流洪水的侵袭。目前,甸溪河治理工程仅完成了花口河的一部分,弥勒市城市河段还未达到30年一遇防洪标准,大部分河段未达到20年一遇防洪标准,堤防尚未形成完全封闭的防洪工程体系,县城的防洪能力还未达到规划防洪标准。三条河流上游分别已经建成洗洒水库、雨补水库和太平水库,但都没有防洪任务。其中,只有雨补水库位于白马河干流,可以对城区段洪水起到一定的滞洪作用;洗洒和太平水库都不在干流,拦蓄洪水作用十分有限。三座水库已经运行多年,洗洒水库正在扩建。由于地形限制,太平和雨补水库难以进一步加高扩建,而且供水灌溉任务非常繁重,因此,近期内无法调整功能增加防洪任务。弥阳镇的防洪总体方案仍旧采取修建防洪堤方式,辅以局部河段的河道整治。堤防建设宜结合城市景观和用地规划,适宜的河段采用生态堤防的型式。未来可以研究太平、雨补水库结合中长期水雨情预报的联合动态调度,增加水库防洪功能,优化汛末调度方案。

新哨、竹园、朋普镇和东风农场管理局都位于甸溪河弥阳镇的下游,区间有里方河、林就河等支流汇入。沿甸溪河分布的乡村受洪涝灾害较为严重,由于投入不足,防洪能力低下,沿河两岸以自然土堤为主,现状防洪能力未达到5年一遇。规划以新建防洪堤为主,辅以河道清障,涝区排水主要靠新建排水闸和排涝泵站。规划对弥阳4个、新哨2个,朋普2个,以及竹园1个共7.3 km²涝区进行治理。堤防建设考虑生态优先的原则,在甸溪河两岸结合地形预留50~100 m的生态隔离带,将防洪与湿地保护结合起来。

巡检司镇位于南盘江左岸,地势相对于常水位略高,但较大洪水仍有可能上岸。根据地形特点,工程措施以护坡和护脚为主,局部低洼部分可建浆砌石堤,并对葫芦口进行改造。

弥勒市规划重要城镇防洪治理项目共 10 个,整治河段长度合计 142.5 km,全部近期建设完成。弥勒市重要城镇防洪工程措施详见表 9-1。

表 9-1 弥勒市重要城镇防洪工程措施

工程名称	所在河流	治理长度/km	治理标准	工程内容	整治范围
甸溪河城区上段治理工程		4.8	10 年一遇	护坡、河道疏浚	阿乌—三道桥
甸溪河城区段治理工程		22.4	30 年一遇	土堤护坡、清障疏浚	弥阳
甸溪河弥阳段治理工程		18	10 年一遇	浆砌石堤、生态堤、清淤疏浚	弥阳—中以则
甸溪河朋普段治理工程	甸溪河	18	10 年一遇	浆砌石堤、生态堤、清淤疏浚	庆来—矣厦
甸溪河东风段治理工程		9	10 年一遇	生态河堤、护坡护脚	东风
甸溪河新哨段治理工程		20	10 年一遇	浆砌石堤、生态堤、清淤疏浚	中以则—习岗哨
甸溪河竹园段治理工程		14.6	10 年一遇	土堤护坡、清淤疏浚	矣果—那庵
南盘江弥勒段治理工程	南盘江	9	10 年一遇	浆砌石堤、护坡护脚	巡检司
花口河上段治理工程	花口河	16.8	10 年一遇	浆砌石堤、清淤	戈西—禄丰
花口河城区段治理工程		9.9	30 年一遇	生态河堤、清淤	禄丰—弥阳
合计		142.5			

甸溪河干流的若干拦河闸均修建于 20 世纪 70 年代,多数处于病险状态,影响防洪安全,包括路体大窝闸、里方 1～6 号闸、新发闸、阿木勒闸、桥头闸、火木龙闸、高桥闸、则租闸等。这些闸门影响人口 6100 人,耕地 9800 亩,需除险加固、更新设施或者拆除重建。

9.4 中小河流及农村河道治理规划

9.4.1 中小河流治理

除甸溪河外,弥勒市东西两翼有众多集水面积小于 200 km² 的中小河流,汛期对沿岸人民群众的生产生活产生威胁,主要包括里方河、四道班河、林就河等 9 条河流。规划以修建堤防和护岸工程为主,辅以局部河段的河道清淤疏浚。主要对威胁乡镇防洪安全、侵占农田面积大、并且受灾较重的河段进行筑堤。山体及两岸农田较少的河道不设置防洪堤,护岸主要采用浆砌石重力式。

本次规划中小河流治理项目共 9 个,整治河段长度合计 62.6 km。近期建设里方河、白马河、林就河、赤甸河、四道班河等 5 处,新建加固堤防 46.2 km;远期建设其他 4 处,新建加固堤防 16.4 km。

中小河流治理工程措施详见表 9-2。

表 9-2　弥勒市中小河流治理工程措施

工程名称	所在河流	治理长度/km	治理标准	工程内容	整治范围
里方河生态治理工程	里方河	10.1	10年一遇	浆砌石堤、护坡、清障疏浚	里方—良才
白马河治理工程	白马河	15	10年一遇	浆砌石堤	雨补—牛背
林就河治理工程	林就河	16.3	10年一遇	浆砌石堤、清淤	山就—矣厦
赤甸河治理工程	赤甸河	2.1	10年一遇	浆砌石堤、护坡护脚	赤甸
野则冲河治理工程	野则冲河	4.4	10年一遇	护坡护脚	拖谷
四道班河治理工程	四道班河	2.7	10年一遇	浆砌石堤、护坡护脚	猴街
小桃树河治理工程	小桃树河	2.9	10年一遇	浆砌石堤、清障疏浚	租舍—里方
洛那河治理工程	洛那河	5.7	10年一遇	浆砌石堤、护坡护脚	洛那
大可河治理工程	大可河	3.4	10年一遇	浆砌石堤、护坡护脚	额依—路龙
合计		62.6			

9.4.2　农村河道治理

除重点治理的中小河流之外,尚有一些农村局部河道常年受灾比较严重,急需治理,本次规划 8 个集水面积小于 100 km² 的村级沟渠进行治理,采用的防洪标准为 10 年一遇,总治理长度 40.56 km。项目基本情况详见表 9-3。

表 9-3　弥勒市农村河道治理工程措施

工程名称	所在河流	治理长度/km	保护人口/人	保护耕地/亩	工程内容	整治范围
竹园土桥村河道治理工程	甸溪河	5.4	8872	3900	河道拓宽、堤防、护岸	土桥村
朋普河道治理工程	朋普河	21	12000	20000	河道疏浚、堤防、护岸	黑果坝、竹里等村
朋普新村河治理工程	新村河	5		6000	河道疏浚、堤防	新村
落虹排洪沟治理工程	疯龙潭	1.8	900	900	河道疏浚、护岸	落虹村
戈西马龙村河道治理工程	花口河	3	3000	1000	河道疏浚、堤防、护岸	马龙村
东山镇农村河道治理工程	阿岱河	0.66	605	0	堤防工程	水头、大雨帮、一林班村
西二镇西洱农村河道治理工程	小河门河	2	520	260	河道疏浚、堤防	西洱村
西二镇海泊农村河道治理工程	小河	1.7	350	500	河道疏浚、堤防	海泊村
合计		40.56	26247	32560		

规划治理农村河塘 222 个,涉及人口 4.5 万,整治 3 个排污口,清淤 100 万 m³ 库容。

9.5 山洪灾害防治规划

9.5.1 山洪灾害特性及防灾形势

弥勒市属滇东南高原的一部分,由于受南盘江及其支流的切割,地形高差大,是山洪灾害的易发区。加之多年来人为损毁植被,生态环境受到不同程度的破坏,人类活动因素更加剧了山洪沟暴发造成的损失。弥勒市的山洪灾害主要有以下几个方面的特点。

(1)山洪突发性强、预报预测预防难度大。

(2)山洪来势猛、成灾快,破坏性强、灾后恢复困难。

(3)山洪灾害发生的季节性强、频率高、具有周期性特点。

目前全市防治山洪灾害还存在着很多困难和问题,具体主要表现在以下几个方面。

(1)灾害管理体系不完善,经费不落实。

(2)技术支撑体系需要尽快建立。

(3)对重要山洪灾害危险点的监测、监视不够。

(4)基层的通信和预警预报手段难以满足防灾的要求。

(5)群众防灾知识缺乏,抗灾能力低。

(6)灾害危险性评估工作需要进一步强化。

从总体上来看,受自然因素及人为因素的影响,山洪灾害日趋频繁,然而目前防御山洪灾害方面的能力十分薄弱,防灾形势严峻。防御山洪灾害是当前和今后一个时期的一项重要任务。

本次规划所指山洪灾害包括山洪沟洪水、泥石流以及滑坡。根据相关成果,目前弥勒市暂无明显危害的泥石流沟和滑坡,但有若干处潜在的泥石流隐患,防治措施以山洪沟防治为主。

9.5.2 治理标准

根据山洪沟影响城镇、工业企业、农田面积等保护对象的不同防护要求,确定相应的防洪标准。

(1)保护对象为一般城镇或乡镇,或万亩以上的农田时,防洪标准为10年一遇。

(2)保护对象为一般的村庄、居民区或万亩以下的农田时,防洪标准为5～10年一遇。

9.5.3 工程措施

山洪灾害防治规划工作要以"预防为主、全面规划、综合防治、因害设防、标本兼治"为原则,采取工程措施与非工程措施相结合,工程措施主要包括防洪堤、排洪沟、拦沙坝、滚水坝、河道疏浚等,非工程措施主要包括加强流域管理、种植生态水保林等,辅以监测、通信、预警系统等手段。

主要工程措施包括6大类。

(1)防洪堤。针对经过乡镇、村庄、重要工矿企业或基础设施的山洪沟,修建防洪堤抵御洪水。

（2）排导工程。修筑排导工程，如导流堤、急流槽等，增加泄洪能力，针对有地形条件的沟段修建排洪渠道，将沟道的洪水排向下游洼地，减少洪水威胁。

（3）沟道疏浚。沟道疏浚直接增加山洪沟的行洪能力，通过对淤积严重的山洪沟沟道进行疏浚，能有效地提高山洪沟的行洪能力，降低山洪灾害发生的频率，减轻山洪灾害损失。

（4）拦挡工程。通过建设谷坊、拦沙坝等有效拦截洪水和泥沙。

（5）护坡工程。在桥梁、隧道、路基及山洪灾害集中的河流沿线，修筑护坡、挡墙、顺坡等工程措施，增强山坡稳定性，抵御或消除山洪、泥石流等对建筑物的冲刷、冲击、测蚀和淤埋。在沟谷或坡面地形合适的地方，修建构头防护和各种小型工程，如沟边埂、水平阶地等，配合蓄水保土，构成完整的小流域综合防治体系。

（6）生物措施。沟道两岸植树造林，减少水土流失，从根本上改善山洪灾害的生态环境。采取人工种草植树造林、封山育林等工程、非工程措施。建设林网及草场工程，提高植被覆盖率。在河道两岸进行退耕还林还草的同时，采用生物护坡，进一步提高山坡的稳定性。

本次规划涉及 27 个山洪沟，受益人口 8.1 万，具体工程措施见表 9-4。

9.5.4 非工程措施

非工程措施是防御和减少山洪灾害的重要保障，强调以预防为主，通过预测、预警、预报等手段，提前做出决策，实施躲灾避灾方案。结合山洪灾害的特点和实际情况，建立山洪灾害防治监测及预警预报系统，防灾预案及救灾措施，是防治山洪地质灾害的重要非工程措施。

（1）山洪灾害监测站网。

在改造和完善现状水文气象站网的基础上，进一步充实弥勒市气象与雨量站网。各乡镇雨量站原则上按照 $20\sim100$ km^2/站的密度布设，对于流域面积 $50\sim100$ km^2 的山洪灾害严重的小流域，需求布设自动水位站，确保每个乡镇至少有一个气象站或雨量站。全县范围内，各乡镇已有 39 处自动雨量站，241 处简易雨量站，4 处水文站，4 处水库站。规划结合全省中小河流治理项目，需要更新完善 60 处自动雨量站，新建 120 处简易雨量站，新建 5 处水位站。

（2）山洪灾害预警预报系统。

加强群防群测，完善泥石流监测站点，对潜在泥石流威胁的泥石流沟设置监测点，并配置相应的通信系统，保障泥石流监测数据安全、快捷传输，进而建立完善的泥石流等山洪灾害预警预报系统。新设 13 处村级预警站，在 119 处中小型水库建设防汛通信预警系统。

（3）完善山洪灾害防御预案。

山洪灾害防治应遵循人与自然和谐相处的理念，贯彻"以人为本，预防为主，防治结合"的方针，动员全社会的力量共同参与，全面开展综合防治。

进一步完善弥勒市山洪灾害防御预案，落实组织机构及职责分工，根据山洪灾害的特点及危害程度，进行危险区、警戒区和安全区的划分。建立健全山洪灾害预报预警方案、避险和人员转移方案、抢险方案、防汛抢险物质筹备方案、灾民安置方案等。规划购置 5 艘冲锋艇、10 艘橡皮艇、500 套救生衣。

提高对山洪灾害的认识，普及防御山洪灾害的基本知识，建立抢险救灾工作机制，确定救灾方案，成立抢险突击队，落实补充和救助措施，减少或避免人员伤亡，减轻财产损失。

表9-4 弥勒市山洪沟治理工程措施表

| 山洪沟名称 | 所在小流域名称 | 所属乡镇 | 所在行政村及自然村 | 沟长/km | 受影响人口/(万人) | 受影响耕地/(万亩) | 治理内容 | | | | | | | 总投资/(万元) |
							治理长度/km	护岸及堤防长度/km	沟道疏浚长度/km	排洪渠长度/km	拦沙坝、谷坊/座	护坡工程/宗	水保林/株	
黑泥沟	甸溪河	弥阳镇		4.8	0.5	0.2	4.8	9.6	3.6	2.8	9	15	200	1440
竹村地龙海沟	甸溪河	竹园镇	竹园村	3.5	0.35	0.12	3.5	3.5	3.5	3.5	7	12	175	579
崩朴外沙沟	甸溪河	竹园镇	土桥村	2	0.35	0.11	2.5	2.5	2.5	2.5		9	125	480
盖者沙沟	甸溪河	竹园镇	土桥村	3	0.16	0.1	3	3	3	3	6	11	150	479
白砂坡大沙沟	甸溪河	竹园镇	龙潭村	2	0.14	0.16	2	2	2	2	4		100	428
汉排沙沟	甸溪河	竹园镇	龙潭村	3	0.29	0.08	3	3	3	3	6	11	150	539
白寺沙沟	甸溪河	竹园镇	竹园村	1.5	0.35	0.03	1.5	1.5			3	5	75	56
老湾冲沙沟	甸溪河	竹园镇	土桥村	4	0.17	0.12	4	4	4	4	8	14	200	722
大法车海沟	甸溪河	竹园镇	那庵村	1.2	0.13	0.04	1.2	1.2	1.2	1.2		4	60	98
盖者海沟	甸溪河	竹园镇	土桥村	1.5	0.16	0.06	1.5	1.5	1.5	1.5	3	5	75	120
火石山洪沟	甸溪河	竹园镇		2.6	0.2	0.13	2.6	5.2	1.95	1.5	5	7	100	780
毛驴山洪沟	甸溪河	竹园镇		4.8	0.45	0.2	4.8	9.6	3.6	2.8	9	15	200	1440
新车山洪沟	甸溪河	朋普镇	新车村	4	0.35	0.14	4	8	3	3.3	8	13	180	1200
长安寨山洪沟	甸溪河	朋普镇		6	0.52	0.22	6	12	4.5	4.5	11	17	240	1800
一碗水山洪沟	甸溪河	朋普镇	一碗水村	3.0	1.73	1.5	3.0	6.0	3.0	3.0	6.0	5.0	750	650

续表

| 山洪沟名称 | 所在小流域名称 | 所属乡镇 | 所在行政村及自然村 | 沟长/km | 受影响人口/(万人) | 受影响耕地/(万亩) | 治理内容 | | | | | | | 总投资/(万元) |
							治理长度/km	护岸及堤防长度/km	沟道疏浚长度/km	排洪渠长度/km	拦沙坝、谷坊/座	护坡工程/宗	水保林/株	
团结山洪沟	甸溪河	朋普镇	团结村	6.0	0.19	3.9	6.0	12.0	6.0	6.0	20	15	3000	1258
齐格山洪沟	甸溪河	朋普镇	齐格村	6.0	0.15	0.33	6.0	12.0	6.0	6.0	8	10	3000	960
矣厦山洪沟	甸溪河	朋普镇	矣厦村花小组	2.0	0.036	0.03	2.0	4	2.0	2.0	5	4	1000	270
小黑就山洪沟	南盘江支流	虹溪镇	小黑就村	4	0.15	0.121	4	4	4	4	8	14	200	310
山金村防洪沟	花口河	西三	山金村	1	0.80	0.3	1	1		1		4	50	200
大竹子箐沟	南盘江	江边	江边村	2	0.02	0.01	2	0.5	2	0.3	4	7	100	120
雨腊竹沟	南盘江	江边	江边村	1	0.02	0.005	1	0.3	1	0.2	2	4	50	100
麦斗山洪沟	南盘江	巡检司		4.5	0.4	0.15	4.5	9	3.375	2.4	3	9	150	1350
老海田山洪沟	南盘江	巡检司		3.2	0.32	0.1	3.2	6.4	2.4	1.8	2	6	80	960
挨村沟	宁就河	江边	挨村	3	0.07	0.08	3	0.4	1.2	0.4	6	11	150	150
江西寨沟	宁就河	江边	挨村	2	0.05	0.1	0.1	0.5	2	0.5	4		5	170
雨腊沟	宁就河	江边	挨村	1.5	0.04	0.08	0.8	0.4	1.5	0.4	3		40	150
合计				83.1	8.096	8.416	81	123.1	71.825	63.6	150	227	10605	16809

10 河湖生态保护及修复规划

10.1 功能分区及现状评价

10.1.1 功能分区

1. 生态功能分区

弥勒市地处北回归线附近,属亚热带季风气候区,自然条件优越,动植物资源丰富,生态多样性特征明显。根据《云南省生态功能区划》,弥勒市涉及一级生态区 2 个、二级生态亚区 2 个、三级生态功能区 2 个。一级生态区包括高原亚热带南部常绿阔叶林生态区中蒙自、元江岩溶山源暖性针叶林生态亚区(Ⅱ4);二级生态亚区包括长桥海山源湖盆农业与城镇生态功能区(Ⅱ4-4)、高原亚热带北部常绿阔叶林生态区(Ⅲ)中滇中高原谷盆半湿润常绿阔叶林和暖性针叶林生态亚区(Ⅲ1)中的南盘江、甸溪河岩溶低山水土保持生态功能区(Ⅲ1-12)。

长桥海山源湖盆农业与城镇生态功能区(Ⅱ4-4)主要位于弥勒市西部地区,国土面积 1036.38 km²,占全市总面积的 26.5%。该区涉及的主要河流有南盘江干流上段及其支流大可河、大沟边河、野则冲河等。该区降雨量在 1000 mm 左右,地带性植被季风性常绿阔叶林已被破坏殆尽,现存植被主要为云南松林,土壤以红壤和各种耕作土为主。主要生态系统服务功能为高原湖盆区的生态农业和生态城镇建设。

南盘江、甸溪河岩溶低山水土保持生态功能区(Ⅲ1-12)主要位于弥勒市中部和东部地区,国土面积 2877.92 km²,占全市总面积的 73.5%。该区涉及的主要河流有南盘江干流下段及其支流甸溪河、洛那河等。该区以石灰岩低山丘陵地貌为主,大部分地区年降雨量 900 mm 左右,主要植被类型为云南松林和灌木林,土壤类型主要是黄红壤和石灰土。石漠化高中度敏感,主要生态系统服务功能为岩溶地区的生态农业建设。

2. 河流水功能区划

弥勒市河流水系发达,水域面积 3582.52 hm²,占国土面积的 0.9%。境内水体常处于流动状态,各水体理化性质差异不大。据云南省环境科学研究院测定:地表水 pH 值 7.8,为弱碱性,矿化度 0.27 g/L,透明度 1.0 m。根据《红河州水功能区划》(红河州水利局,2014),弥勒市河流水功能一级区 15 个,二级区 8 个,其中开发利用区 8 个,保留区 5 个,源头水保护区 2 个。区划河长 512.72 km,其中开发利用区河长 342.72 km,保留区河长 170 km。

3. 动植物状况

弥勒市动植物资源丰富。裸子植物主要包括以云南松、华山松为主的 6 科 21 种,被子植物以香樟、云南樟为主的 51 科 218 种,森林覆盖率为 43.9%;区域内无国家级、省级重点保护植物、珍稀濒危植物、名木古树和狭域物种分布。野生动物有猫头鹰、啄木鸟、四脚蛇等,无国家Ⅱ级及以上重点保护野生动物和珍稀濒危动物。

境内水生生物结构完整,包括水生植物、浮游生物、鱼类、两栖类以及滨水生活的鸟类等,种类丰富多样。据鱼类资源调查,境内鱼类隶属 5 个目、11 个科、9 个亚科、35 属,共计40 种。其中,鲤形目鲤科鱼类最多,无国家级省级保护鱼类。此外,弥勒市有各种水产品,养殖面积达 17000 亩,产量达 800 吨,主要养殖品种为草鱼、鲤鱼、鲢鱼、鳙鱼等四大家鱼。

10.1.2 现状评价

1.评价指标

弥勒市水系网络发达,受自然条件以及人类活动的影响,河湖生态状况各异,评价侧重点有所区别。湖泉生态园内湖光山色交错辉映,水榭楼阁错落有致,水质优良,生态环境良好,已经成为弥勒市一道亮丽的风景线,该流域的评价应侧重于保持水域完整性、保障生态用水等方面。甸溪河流域是弥勒市经济社会发展最快的区域,近年来随着甸溪河干流沿岸经济社会快速发展,河道外用水增加、河滩不合理开发、河流水质不断下降等原因致使甸溪河成为弥勒市人水矛盾比较突出的河流,河流生态环境状况不容乐观,该流域的评价应侧重于水资源开发利用、河流水质状况等方面。东西部地区中小河流众多,河流源短流急,水资源开发利用程度不高,人水矛盾不突出,该地区的评价应侧重于河流自然形态、岸坡稳定等方面。

根据《河湖生态保护与修复规划导则》(SL 709—2015),河流生态评价包括 5 个方面 19个指标。考虑到弥勒市江河水系实际情况以及资料获取情况,选取生态需水满足程度、水资源开发利用程度、水功能区水质达标率、河流蜿蜒度、河流纵向连通性、河道岸坡稳定性、物种多样性和河流滨水景观舒适度等 8 个指标进行现状生态评价。

(1)生态需水满足程度。

生态需水满足程度是指河流断面实际下泄水量满足其最小生态流量的程度,用生态需水保证程度反映。2015 年,弥勒市中小型水库河道外用水挤占河道内生态环境用水 2914 万 m^3;甸溪河尤家寨控制断面河道内生态环境用水保障程度为 68.1%。

(2)水资源开发利用程度。

水资源开发利用程度是指流域内各类生产与生活用水及河道外生态用水的总量占流域内水资源量的比例关系,用水资源开发利用率反映。2015 年,弥勒市河道外用水量为 2.38亿 m^3,水资源开发利用率为 21.4%,其中甸溪河流域河道外用水量为 1.60 亿 m^3,水资源开发利用率为 33.3%。

(3)水功能区水质达标率。

水功能区水质达标率是指水功能区水质达到其水质目标的个数(河长)占水功能区总数(总河长)的比例,以反映河流水质满足水资源开发利用和生态环境保护需求的状况。弥勒市河流水功能区 7 个,按照水质双因子评价分析,2015 年全市全年水功能区达标 5 个,水功能区水质达标率为 71.4%。

(4)河流蜿蜒度。

河流蜿蜒度是指沿河流中心两点间的实际长度与其直线距离的比值。弥勒市重要江河河长 508.2 km,由于截弯取值的原因,目前境内实际长度为 488.5 km。按照单条河流直线距离计算河流蜿蜒度,经汇总,境内河流的平均蜿蜒度为:2.09(历史最大值)、1.82(目前实际值)。

（5）河流纵向连通性。

河流纵向连通性是指河流系统内生态元素在空间结构上的纵向联系，可以用单位河流长度障碍物（闸、坝等）的数量反映。弥勒市水能资源蕴藏量 54.5 万千瓦，目前实际开发装机容量仅 22.1 万千瓦，建成水电站 18 座。甸溪河干流 117.0 km，建有弥东、小三家、跌龙、滴水、云洞、朋普、巴蜀等 7 座电站以及甸惠渠进水闸，共计 8 座闸、坝工程。河流纵向连通性指标为 6.8，河道纵向连通性属于劣等水平。

（6）河道岸坡稳定性。

河道岸坡稳定性受岸坡坡度、材料及其构造控制，并与植被条件有关。位于东西部的中小河流多为山区性河流，河流岸坡稳定。甸溪河干流大部分蜿蜒穿行于坝区，河床切割较深，两岸分布有人工填土、硬塑状粉质黏土、粉质黏土、软塑状粉质黏土、含有机质黏土等不同类型的土壤，土质抗冲刷能力和自稳能力较差，局部河沟交汇处侵蚀现象更加明显。按照堤岸地质结构、河道特征、水力条件等进行工程评价，河道岸坡稳定性总体较差（Ⅲ），总体表现为岸坡土体抗冲刷能力较差，常常发生小规模岸坡失稳事件，但危害性不大。

（7）物种多样性。

物种多样性是指物种的种类及组成，反映物种的丰富程度。甸溪河水生生物结构完整，包括水生植物、浮游生物、鱼类、两栖类以及滨水生活的鸟类等，种类丰富多样，是传统的水生态优势地区。但随着河流污染以及梯级开发建设，水生环境遭到不同程度的破坏，特别是鱼类资源受到较大影响。据调查，弥勒市鱼类资源目前为 40 种，较 20 世纪 80 年代有明显降低（南盘江干流弥勒河段鱼类资源最多时曾达 160 种）。

（8）河流滨水景观舒适度。

弥勒市历史悠久、文化灿烂。弥勒市被誉为"民族歌舞之乡"，各民族创造了丰富多彩的优秀文化，被列为国家级非物质文化遗产的阿细跳月、阿细先基就在这里诞生和传承。近年来，弥勒市坚持以自然为美，把好山好水好风光融入城市规划中，延续城市历史文脉，先后建成了湖泉生态园、红河水乡、白龙洞风景区等与水相关的旅游景观园区，水景观为当地居民提供了舒适的休闲环境，梅花温泉也是弥勒市的一大亮点，吸引了众多游客前来养生休闲。

2. 综合评价及分析

上述 8 个指标的综合评价认为弥勒市河流生态状况总体处于中等水平，但与 20 世纪 80 年代相比，河流水生态状况已经明显呈现出退化趋势，退化主要原因是人为干扰河流自然过程，致使水生生物生存条件发生变化，主要表现在以下方面。

（1）梯级建设阻断河流连通性。

河流闸坝的建设改变了河流原有的河流连通性，扰乱了鱼类的生活习性；电站库区的形成带来了相对静止的水流环境，使得污染物扩散缓慢，容易造成污染物沉积；大部分水库工程没有下放生态基流和建设鱼道，引水式电站的运行常常导致坝下河段在枯水期水量大幅减少。

（2）河道外用水增加挤占生态水量。

随着经济社会的发展，河道外用水量不断增加，特别是甸溪河上游地区，城区以及弥勒坝用水需求大幅上升，导致枯水期和特枯水年缺水面广、缺水量大，工业与农业、生态等争水矛盾日益突出，造成河道内基本生态环境用水保证程度低。全市 2015 年河道外用水挤占河道内生态环境用水达 2914 万 m³，甸溪河尤家寨控制断面河道内生态环境用水保证率仅为 68.1%。河道内生态流量减少，导致水生生物活动空间受限，物种数量逐渐减少。

(3)污染物排放量不断增加影响河流水质。

近年来,弥勒市水环境有不断恶化趋势,部分水库水质从Ⅱ类恶化到Ⅲ类,甚至Ⅲ类恶化到Ⅳ类。主要河流也由于水量的减少、污染物排放量的增加,水质呈恶化趋势。水生生物适宜生存的水体减少,生物多样性下降。

10.2 规划目标及主要任务

10.2.1 规划目标

以科学发展观为指导,全面贯彻落实生态文明建设精神,坚持保护优先和自然恢复为主的方针,合理安排生态需水与保障、水生态保护与修复、生态监测与评价等措施。到2030年规划末期,我们期望逐步形成"河湖水系连通、水源清澈灵动、滨水景观与城市协调"的水域空间格局,为水生生物的恢复、栖息、繁衍、迁徙提供良好的生态环境。具体规划指标为:河湖形态自然完整、水体流动畅通;主要河湖控制断面河道内生态需水量及重要湖泊生态需水得到保障;江河湖泊水功能区水质全部达标。

10.2.2 主要任务

(1)建立河湖生态需水及保障体系。

结合江河流域水资源配置现状、水生态环境现状、规划目标与功能定位,确定主要控制断面及其河道内生态环境需水,并按照生态需求要求,提出生态补水、生态调度等河道内生态流量保障体系。

(2)维护以及改善河湖和水库水质。

结合水资源保护规划确定的河湖水质目标要求以及水资源保护措施,提出特定区域水质维护及改善措施,以保护重要区域水质要求。

(3)维护河湖自然形态和建设生态廊道。

在保障河道行洪以及社会服务功能的前提下,提出维护河湖自然形态的措施,包括自然护坡与生态护坡、采用透水或多孔材料与结构等,营造有利于水生生物栖息繁殖的环境,恢复河流生态廊道功能。

(4)建设滨水景观和传承特色文化。

以城区河段滨水景观需求为主线,结合具体条件,我们可以推进城区河段生态亲水系统建设。具体措施如下:实施雨污分流;建设近岸浅水亲水平台、环湖沿河慢步系统及绿化廊道;提高亲水景观覆盖范围;传承温泉养生文化。

10.2.3 总体布局及区域重点

根据弥勒市经济社会发展需求以及城乡发展总体布局,我们可以综合考虑全市自然地理条件、水资源状况和水生态环境特点以及水利发展和水生态环境存在的主要问题,逐步构建"东西两翼优先保护、中部坝区侧重修复,自然措施与人工措施并重"的总体布局。

"东西两翼"主要指南盘江中、下游段以及小江河等3个水资源五级区,涉及河流主要为南盘江及其支流大可河、大沟边河、野则冲河、江边小河、洛那河等,这些河流主要流经西二镇、五山乡、巡检司镇、江边乡和东山镇。该区河流均为中小河流,集水面积小、河长短,河流径流量丰枯变化特征明显。河流自然生态系统以水域及两岸河谷林为主,经济社会发展与水资源的开发利用矛盾不突出,河湖生态环境受人类活动影响程度较小。该区域河流生态重点以保护为主,加强河流源头区水源保护,积极开展岩溶地区水土流失治理,以达到涵养水源、保护生态的目的。对于涉河建设项目,应注重维护河湖自然形态和河道畅通,保障河道内生态环境用水。

"中部坝区"主要指甸溪河中下段水资源五级区,涉及的河流主要为甸溪河及其支流白马河、花口河、里方河、林就河等。这些河流主要流经弥阳镇、西三镇、新哨镇、竹园镇、朋普镇和虹溪镇。弥勒市"中部坝区"是弥勒市经济社会发展的重要区域,区域人口和 GDP 在全市中的占比分别达到 66.9% 和 65.4%。该区受人类开发活动的影响,河流生态状况已经明显呈现出退化趋势,人为干扰河流自然过程明显,河流生物生镜条件发生变化。该区域河流生态重点以修复为主,注重自然措施和人工措施相结合,突出甸溪河干流、弥勒和竹朋坝区田园生态水网以及城市河段生态环境修复工程建设,逐步构建"一廊贯通、两网联动、三库五泉支撑、滨水景观美城"的中部坝区河流生态修复重点工程。

(1)"一廊贯通":是以甸溪河干流为核心,在保障行洪和供水功能的基础上,积极维护河流自然形态,提高上下游之间以及江河湖泉水库之间的连通性,建设生态廊道,为水生生物迁徙和觅食提供通道。

(2)"两网联动":立足甸溪河河谷平坝区的自然特点,结合高效节水农业建设,整治灌排水系,打造弥阳坝、竹朋坝两个田园生态水网,发挥和提升坝区湿地净化功能,实现坝区内水资源循环利用,减少面源污染。

(3)"三库五泉支撑":"三库"即洗洒水库、雨补水库和太平水库,"五泉"即花口龙潭、大树龙潭、清水龙潭、黑龙潭和巴甸龙潭。三库五泉是弥勒市水生态系统建设的核心节点,通过连通工程建设,实现水源之间相互连通和相互补给,用以满足生产、生活和生态用水需求。

(4)"滨水景观美城":以建设弥勒市水生态文明城市为契机,围绕湖泉生态园、红河水乡、庆来公园、花口河公园、甸溪河湿地玫瑰园、白龙洞风景区等滨水景观为重点,打造城市水景观,改善人居水环境。

10.3 河湖生态需水保障

10.3.1 河流生态需水

弥勒市河流水系发达,主要河流有甸溪河、白马河、花口河、里方河、林就河、洛那河、大可河、大沟边河、野则冲河等,其他河流大部分流域面积较小。河流生态需水主要计算境内主要河流的生态需水量。境内河流沿河两岸多为农田,种植水稻、油菜、葡萄等农作物,现存植被主要为云南松林和灌木林,河谷林草不具有重要保护意义。同时,根据《云南省鱼类志》资料记载,弥勒市内水域鱼类资源数量不多且多为常见种类,喜激流鱼类不多,缓流水体鱼类为主,无长距离洄游性鱼类、特有鱼类和国家级省级保护鱼类。因此,境内河流敏感区以及敏感物种不突出,无敏感性生态需水要求,河道内生态环境需水仅计算河流生态基流。

为维持河流基本形态和基本生态功能,防止河道断流,避免河流水生生物群落遭受到无法恢复性的破坏,以甸溪河尤家寨水文站为代表,采用 90% 保证率下最枯月平均流量法、近

10 年最枯月流量法、Tennant 法、逐月频率法等多种方法确定尤家寨断面生态基流。经综合比较，推荐采用 Tennant 法成果，即汛期河道内生态基流按多年平均流量的 30% 确定，为 4.07 m³/s；枯水期河道内生态基流按多年平均流量的 10% 确定，为 1.36 m³/s。甸溪河流域水资源开发利用率高，人均水资源量不足 1400 m³，按 Tennant 法流量与生态状况分级标准，甸溪河干流生态状况处于中等水平。其他河流根据河道外用水需求、水资源条件以及河道内生态用水保障能力，采用类比法确定河道的生态环境需水，具体成果见表 10-1。

表 10-1 弥勒市主要河流河道内基本生态需水计算成果

河流	河道内生态需水/(m³/s)		保障工程
	汛期	枯水期	
甸溪河	1.74	0.52	太平水库
甸溪河	4.07	1.36	"三库五泉"
白马河	1.45	0.48	雨补水库
花口河	0.81	0.30	洗洒水库
里方河	0.48	0.16	租舍水库
林就河	0.24	0.08	大可乐水库
洛那河	0.14	0.05	大水沟水库
大可河	0.09	0.05	龙泉水库
大沟边河	0.20	0.07	阿细水库
野则冲河	0.09	0.05	野则冲水库

10.3.2 湖泊生态水位

弥勒市建成了湖泉生态园、红河水乡、庆来公园等湿地公园系统。湖泉生态园为弥勒市唯一一个 4A 级景区，位于弥勒市城西南 1 km 处。湖泉生态园是在莲花塘水库基础上于 2003 年 6 月经人工开挖形成的湖泊。湖泉集水面积 7.50 km²，多年平均来水量 178.0 万 m³。正常水面高程 1420.5 m，湖泉面积 0.57 km²，总库容 142.0 万 m³。为维持湖泉水面面积不萎缩，湖泉引大树龙潭泉水进行补给。

为维持湖泉生态园湖泊水面面积，湖泉生态园最低水位为 1420.5 m。湖泉生态园、红河水乡、庆来公园水域生态耗水量根据降雨量、蒸发量、渗漏量以及水面面积推算。湖泉生态园、红河水乡、庆来公园水面面积分别为 57 hm²、40 hm²、6 hm²，多年平均生态耗水量分别为 91 万 m³、55 万 m³ 和 9 万 m³，枯水年生态耗水量分别为 128 万 m³、80 万 m³ 和 12 万 m³。

10.3.3 生态需水保障措施

(1)河道生态需水保障措施。

现状年，甸溪河中游尤家寨断面基本生态需水保证率为 68.1%。甸溪河上游干支流上建有洗洒水库、太平水库、雨补水库，三座水库有效库容 1.25 亿 m³。通过加强水资源统一调度和管理，建立骨干水库联合调度长效机制，实施洗洒水库、太平水库、雨补水库等骨干水库的统一调度,在确保防洪安全、供水安全的前提下,三大库补充下游生态水量,保障尤家寨断面基本生态需水。多年平均情况下三大库补水量 300 万 m³,枯水年三大库补水量 4500 万 m³。境内其他河流河道内生态用水保障措施见表 9-1。

（2）湖泊及湿地生态需水保障措施。

湖泉、红河水乡和庆来公园相互间存在密切的水力联系。大树龙潭通过渠道供庆来公园,庆来公园多余水量汇入红河水乡;同时,大树龙潭借用洗洒水库渠道补水至湖泉生态园,多余水量汇入红河水乡,最终汇入甸溪河。

大树龙潭是弥勒市重要的地下泉眼之一,其形成于弥勒市北西方向的断层切割地下水形成排泄通道。径流主要由降雨补给。大树龙潭多年平均来水量为 8900 万 m³,枯水年来水量为 5200 万 m³。湖泉、红河水乡和庆来公园生态耗水量主要由大树龙潭补给,多年平均补水量 155 万 m³,枯水年补水量为 220 万 m³。

10.4 河湖生态保护及修复工程

10.4.1 河流生态廊道建设工程

结合中小河流治理工程,弥勒市以甸溪河干流为重点,建设了甸溪河、花口河、白马河、里方河、晃桥河等 12 条干支流河流生态廊道,总长度为 416 km。在河流平面形态上,恢复和保持河流蜿蜒形态,促成浅滩—深潭序列的形成,扩展滩区宽度,发挥滩区作为水路交错带生物多样性的优势。弥勒市还开展了三家、云洞、大丫口、大庄、夸竹、底打、矣夏、章保、跌水一级、跌水二级、跌龙二级、小凹革等境内 12 座引水式电站过流设施改造,增设生态流量泄放设施,增强河流、河滩、河汊、湿地和洼地之间的纵向连通性,保证物质输移和鱼类觅食、迁徙的通畅。在河流横断面形态上,弥勒市通过冲淤、疏浚等方式,重建河床底质;采用生态型技术进行岸坡整治,增强岸坡稳定性,生态型护岸长度不低于整治河段总长度的 80%,总长达 390 km。通过生态廊道工程建设,弥勒市使得河流在纵、横、深三维方向都具有丰富的异质性,形成浅滩与深潭交错、急流与缓流相间、植被错落有致、水流消长自如的多样丰富的景观空间。

10.4.2 坝区农田面源净化工程

甸溪河干流流经弥勒坝、竹朋坝,坝区土地资源丰富,是弥勒市重要的农作物产区。然而,由于化肥、农药等的大量使用,导致农田面源污染已经成为甸溪河河流污染的主要原因之一。为控制氮磷等富有营养元素对水环境的污染,弥勒市在提倡合理施肥、优化平衡施肥的同时,调整农业产业结构,大力发展生态农业。同时,以弥勒坝、竹朋坝为重点,结合坝区灌溉渠道、排水沟渠的建设,实施坝区农田面源净化工程。该工程主要包括建设植物碎石床人工湿地隔离带和生态砾石床排水口等,利用生态系统的物理、化学和生物三面协同作用,通过过滤、吸附、沉淀、离子交换、植物吸收和微生物分解等方式来实现对污水的净化。

10.4.3 河湖库泉水系连通工程

弥勒市为解决水资源的供需矛盾,推进蓄水工程建设。主要建设包括弥勒寺水库、红河水乡水库,以及扩建洗洒水库等,以增加径流调蓄能力以及枯水期水量。同时,重点建设朝阳寺水库至碑亭水库库库连通工程、足禄河至草海子水库河库连通工程、地龙河河连通工程、里方河至迎春水库河库连通工程、西二镇水库连通工程、太平雨补输水干渠工程等 7 个水系连通工程,构筑水源之间互联互通、相互调节、相互补给的水网体系,增强生态环境用水水源保障。洗洒水库、太平水库、雨补水库在枯水年向甸溪河干流补水 4500 万 m³;大树龙潭在枯水年向湖泉、红河水乡和庆来公园补水 220 万 m³。

10.4.4　村镇污水截留分流工程

弥勒市境内河流大部分流经城区、乡镇以及农村,沿途有大量未经处理的生活污水,部分工业废水和城市生活垃圾的渗滤液直接排放,影响河流水质。弥勒市开展城区污水截留分流工程,控制点源和面源污染,建设拦挡工程拦截垃圾污水,采取净化技术进行水质净化。

弥勒市县城已建成雨污合流排水系统,排水管渠总长 60.2 km。弥勒市加快了城区排水管网建设,确保城市污水全面收集入网。建设内河两侧截污管线,整治城区污水处理厂排污口、红河州锦东化工股份有限公司东风氮肥厂、云南生物制品(集团)有限公司制糖二厂等入河排污口。弥勒市将城市生活污水和工业废水截流汇入城市污水处理厂进行集中处理,经处理达标后的污水排入承泄区。

根据地形地势和水系条件,弥勒市主城区雨水系统分为城西、城东、城中部及城北四大片。其中,城西、城中两片雨水分别向东和向西排入晃桥河;城东片雨水向东和向南排入环城水系,再向南排往甸溪河;城北片雨水向南和北排入花口河。

为加强城市固体废物(生活垃圾)的处理,弥勒市集中统一收集生活垃圾送往城市垃圾填埋场卫生填埋。建设垃圾拦挡工程,防止生活入河,对垃圾站渗滤液采用生态砾石净化技术、土壤净化槽技术进行处理,净化处理后排放。

10.4.5　滨水岸线环境整治工程

弥勒市结合具体条件推进水域周边生态亲水系统建设,提高清水景观覆盖范围,满足公众亲水、戏水需求。在湖泉生态园、红河水乡、庆来公园等水环境整治的基础上,继续开展甸溪河城区段、花口河城区段水环境整治。通过建设甸溪河玫瑰湿地、花口河风情园等工程,营造不同特色的滨水滨岸景观带、景观中心、景观视廊、观景平台;在城区河段建设 2 处跌落式生物填料汀步,营造出水位落差,形成小落差瀑布景观,实现河流水体流动。同时,利用城西富余、清洁龙潭水源,引水入城、补水润城、蓄水美城,构建环城生态水系,营造亲水廊道,创建优良的人居环境。

10.4.6　河湖库泉联合调度工程

根据生态需水保障措施,洗洒水库、太平水库、雨补水库和大树龙潭为甸溪河、湖泉生态园、红河水乡、庆来公园的补水水源。由于这些水库同时承担弥勒市城区、弥勒中型灌区的供水、灌溉、防洪等多种任务,因此需要统筹协调社会、经济和生态各种需求。按照时间、空间以及受益对象的重要程度等水资源配置要求,开展河湖库泉联合调度。分析联合调度目标,拟定联合调度原则,确定相关约束条件,初步提出一套或多套联合调度方案。利用优化技术及多目标优化分析方法研究提出河湖库泉联合调度方案,通过对联合调度方案进行试运行来验证调度方案的可行性及安全性。还需要科学评估各方案的可行性、存在问题及综合效益,最终总结联合调度规则、合理确定调度周期,形成河湖库泉联合调度意见。

10.5　河湖生态保护非工程措施

结合水资源监测站网建设需求,弥勒市提出河湖水环境监测和水生态监测站网规划,确定监测断面、监测项目、监测频次和监测方法。监测方法和频次满足河湖水生态健康评价要求。

(1)河湖流量管理监测。

在现有监测基础上,弥勒市根据水资源调度需要,加强河湖水位和流量、生态最低水位和最小流量的监测工作。重视河流、湖泊、水库流量管理监测,实现常年对重要河湖流量的管理。弥勒市加强了水工程运行对河湖生态影响监测及调度。

(2)建立水生态监测网络。

建立湖泊水生态监测网络,监测和分析湖泊水文水资源、水质及水生态系统的状态和变化过程。

(3)建立湿地生态监测体系。

实行湿地生态监测,掌握湿地生态资源的常规变化,为有效保护湿地提供科学依据。

(4)水生态与水环境监测工程。

加强干支流各断面水质监测,以掌握河流不同河段水质状况。水资源质量站监测频率为每年 12 次,每月进行一次监测;界河水质站监测频率为每年 6 次,隔月进行一次监测;生活饮用水源地每年进行不少于 12 次监测,每月进行一次监测;其他供水水源地站每年进行 3 次监测,分别在丰水期、平水期、枯水期各进行一次监测;入河排污口站监测频率为每年 2 次,分别在丰水期、枯水期进行一次监测;水源地排查性监测每年不少于 1 次。

(5)甸溪河健康评估。

开展甸溪河健康评价指标体系研究,提出符合甸溪河生态状况的评价指标、标准和评价方法。定期对甸溪河健康状况进行评价,分析河流生态修复措施的效果和存在的主要问题,提出改进和补救措施。

11 环境影响评价

11.1 环境保护目标

11.1.1 评价范围

根据本次规划范围、开发任务、目标和工程布局等情况,结合流域现状环境调查,综合分析确定本次环境影响评价范围为弥勒市境内区域,涉及弥阳、新哨、竹园等 12 个乡镇,面积达 4004 km²,主要河流包括白马河、花口河、小桃树河、四道班河等及其支流。

评价重点区域是:规划涉及的洗洒、雨补、太平水库三座中型水库,盐井沟、阿所白水库等重点小(一)型水库库区及其下游;规划的弥阳灌区、虹溪白云灌区等主要灌区水源上下游河段;防洪工程所在河段等。

11.1.2 环境保护目标

(1)水环境保护目标。

水功能区水质目标全面达标,水质现状不达标的采取措施恢复,重点保护的饮用水源地水质良好,用以保障饮用水安全。

以水功能区为单元,以 COD、氨氮为指标实施入河污染物总量控制,超过总量控制指标的水功能区必须削减。

(2)生态保护目标。

保护规划区域内的陆生生态环境完整性和稳定性,保护区域的生物多样性,维持或提高流域森林覆盖率,保持陆生生态环境良好。

保障河道生态水量,改善流域的水生态环境,维护水生物多样性与生态环境的稳定性,保护规划工程影响范围内的动植物资源不因规划实施而受到较大的不利影响,并尽可能保护和恢复动植物的生存环境。

(3)环境敏感目标。

规划范围涉及白马河、甸溪河等河流河源区,这些区域属于环境敏感区域,规划实施应注意对自然保护区、饮用水源保护区、生态功能脆弱区的保护,尽量避开环境敏感区范围,建设项目的布局、造型、色彩等应与周围景观和环境相协调,避免相关环境敏感区因规划实施而受到明显的不利影响。

11.2 环境现状分析

11.2.1 水环境

弥勒市内主要干支流水质总体较好,水功能区水质基本达到《地表水环境质量标准》Ⅲ类水以上标准(除南盘江弥勒—丘北开发利用区)。境内主要河流污染源相对稳定,污染排放量变化不大,近几年全县境内水质变化不明显。

11.2.2 大气环境

本次规划涉及的12个乡镇中,除县城中枢镇工业稍发达,工业污染源稍多外,其余乡镇均无大型工矿企业,工业污染较小,空气环境质量基本达到《环境空气质量标准》Ⅱ级以上标准,空气质量良好。

11.2.3 生态环境

弥勒市内生物资源较为丰富,森林面积94.04万亩,占土地总面积的37.7%。植物类主要包括云南松、华山松、杉松、云南油杉、桤木、杉木、栎类等常见树种以及云南红豆杉、香樟木、红椿木、黄秧木等珍稀用材;野生牧草达616种,还有341种野生药用牧草。野生动物类主要包括岩羊、野猪、麝、獐、穿山甲、鸳鸯、锦鸡、猫头鹰及阿庐古洞中的透明鱼等。

11.3 环境影响分析与评价

11.3.1 协调性分析

本次规划提出的弥勒市治理、保护和开发利用的总体思路、目标任务、总体布局以及开发利用方案等,旨在全面提升水资源利用效率和粮食综合生产能力,强化水资源保护,改善水生态环境,增强河流沿岸重点乡镇防洪能力,这些规划与弥勒市土地利用总体规划、弥勒市城总体规划、珠江流域及红河水资源综合规划、云南省水资源综合规划、西南五省(区、市)骨干水源工程近期建设规划等各项规划目标保持一致。

11.3.2 环境影响预测分析与评价

11.3.2.1 现状环境影响分析与评价

在弥勒市现有水资源开发利用水平、防洪治涝措施、水资源保护和水生态保护措施等条件下,区域经济社会与河流开发活动遵循目前发展模式外延演绎,可能对环境产生以下影响。

(1)需水增长过快,供需矛盾难以解决。

按照现有发展模式,2030年75%保证率下弥勒市河道外总需水量为3.77亿 m^3,而现状供水能力仅为 2.376 亿 m³,需水增长超出现状供水工程可供水量,水利设施难以支撑经济社会可持续发展。

(2)经济社会快速发展,防洪形势更趋严峻。

弥勒市地区的暴雨集中,短历时暴雨强度比较大,且洪水汇流速度快,易形成局部灾害性洪水。加之区域的水土流失问题较严重,每逢雨季,洪水会携带大量的泥沙涌入境内河道,导致河道行洪断面不断淤积,进一步增大洪水风险。同时,大部分乡镇河道均没有规范和完整地加以整治,基本处于不设防状态,防洪能力普遍较低。随着经济社会的发展,社会财富的不断积累,洪灾风险进一步加大。

(3)污染物排放量逐年增加,地表水环境存在恶化风险。

弥勒市内河流水质总体较好,但随着经济社会快速发展,污染物排放量和入河量逐渐增加,特别是流经县城的河段,地表水环境质量面临压力逐渐加大,局部地区水环境存在恶化趋势。

综上所述,弥勒市目前面临的水资源供需矛盾突出、防洪压力加大、局部地区水环境恶化等问题将会进一步凸显,对实现全县经济社会和生态环境保护的可持续发展,以及对区域全面实现防洪安全、供水安全、生态安全等将带来显著的不利影响。

11.3.2.2 现状实施的环境影响分析评价

1. 有利影响

到 2030 年规划水平年,全县保证灌溉面积将达到 50.15 万亩,较 2015 年增加 17.35 万亩,有效灌溉率达到 32.24%,人均有效灌溉面积 0.77 亩/人。规划实施后,可保障粮食生产总量稳步增长,农民收入稳步提高,有利于全面建设小康社会;规划实施后,可充分提高土地综合生产能力,增强广大农民种植积极性,减少以往在灌溉用水方面产生的争水纠纷,从而维护生产安全、社会团结,为产业结构调整提供基础保障;规划实施后,将满足弥勒市全部乡镇基本用水,以及农村饮水,为改善民生和推动经济社会发展以及建设社会主义新农村提供了水源支撑。

本次规划通过实施堤防工程、生态治理河道、修建排洪沟等城市防洪排涝工程,旨在提高防洪标准和抵御洪涝灾害的能力,确保弥勒城区防洪安全。规划实施后,弥勒市镇区防洪标准将达到 10 年一遇,治涝标准为 10 年一遇 24 小时暴雨 24 小时排除,农田河段结合种植作物结构,治涝标准为 10 年一遇 24 小时暴雨 72 小时排干,田面无积水。这些措施有效地减轻洪灾损失,保护区域内的生产、生活和生态环境,维护沿岸人民群众的生命财产安全,也为地区的社会稳定和经济可持续发展提供有力保障。

规划实施后,新建的蓄水工程通过调节水量丰枯,使枯水期流量有所增加,洪水期流量有所减少,在抵御洪涝灾害对生态系统的冲击干扰以及调节生态用水等方面同样发挥积极作用。另外,通过实施水资源保护措施,限制污染物排放,可满足水功能区水质目标,改善流域水环境。

2. 不利影响

(1)对水文情势的影响。

规划扩建洗洒水库、丫勒水库,新建龙泉水库、弥勒寺水库等蓄水工程,以及弥阳灌区、虹溪白云灌区等工程的实施,均可能对坝址或取水河流下游水文情势产生影响,对与水环境相关的环境因子产生间接影响。水库的形成将使库区河段的水位、流速等水文情势较天然状态发生较大变化。受水库或电站拦蓄影响,若调度运行不当,可能会在下游形成一定的减水河段或脱水河段,将对下游河流生态造成较大的影响。本次规划各蓄水工程考虑了下泄生态基流的问题,可减小对上下游水文情势的影响。

(2)对水环境的影响。

规划实施后,洗洒水库扩建、龙泉水库拟建等重点工程将导致所在河流上下游的水文条件发生改变。污染物扩散能力、水体自净能力等也将随之发生变化。库区及上游地区工农业生产不断发展,也将使更多的污水、废水排入河流或水库,导致污染物质在水库积聚,可能导致局部水环境恶化,并造成局部水域富营养化。实施水资源保护对策和措施,可使局部河流水环境恶化的趋势得到有效遏制,河流水质达到水功能区水质目标并保持稳定,实现水生态环境的良性循环。

规划中的防洪工程对水环境的影响主要集中在施工期,且影响是短暂的,施工结束后影响将逐渐消除。

(3)对生态环境的影响。

规划中的蓄水、引水等水源工程和防洪工程会占用一部分土地,主要包括大坝、渠系、输水管道及其建筑物等用地。工程占地会破坏一定数量的植被,但总体来说,本次规划的工程规模相对较小,占地面积有限。工程区域内野生动物数量及种类均较少,因此工程占地对陆生动植物的影响不大。规划新建的水源工程、灌区工程等改变了河流天然环境,损害一些水生物,影响其生存与繁衍,工程所在河流的水生生物种群结构将发生不同程度的变化。

洗洒、丫勒水库等重点水源工程多为扩建工程,对河道径流影响较小,且弥勒主要河流鱼类资源较少,工程对鱼类影响较弱。防洪规划中重点乡镇防洪堤和护岸等防洪工程的修建,将使得一定面积的天然河床变为水生植物无法生长的人工河床,减小了水生植物的生长范围,同时也减少了水生动物的栖息场所和食物来源,对水生生物有一定的影响。

(4)对环境敏感区域的影响。

根据初步调查资料,本次规划的重点水源工程不涉及自然保护区、风景名胜区、地质公园、饮用水源保护区等环境敏感区。

11.4 环境保护对策措施

(1)社会环境保护措施。

优化规划工程布局和方案设计,控制占地规模,尽可能减少移民人数,从源头减轻移民安置难度。在移民搬迁安置过程中,优先考虑整村搬迁安置,集中与分散安置相结合,最大限度保持移民原有的社会关系。

(2)水环境保护措施。

规划水源工程的实施改变了区域水资源的空间分配,将导致部分供水水源下游河段水量减少。因此,应注重在开发利用中维护河流良好的水生态系统,处理好经济社会发展与水资源承载能力及水环境承载能力的关系。本次规划共涉及2座中型水库,7座小(一)型水库和9座小(二)型水库。为保护流域环境和水生态,避免坝下断流对生态系统产生严重的影响,我们在水库工程可研和设计阶段,需要基于水库下游河流生态环境用水和其他用水对象需水的基础上进行水资源的调配。运行阶段应合理安排调度,保证枯水期水库下泄流量不低于生态基流,以满足坝下水环境和水生态需水需求。建议当地有关部门在工程建成后,设置在线监控设施,严格监督水库下泄流量。

划定相应河流的水源功能保护区,并按照相应的水质目标开展水源保护工作。加快制定饮用水源地保护方案,落实监督管理措施,有助于防止水源枯竭和水体污染,保证城乡居民饮用水安全。

以水功能区为单元,全面推行污染物排放总量控制和取排水许可制度。按照入河污染物限排总量控制方案,加强对污染源的监督管理,严格控制污染物排放,从源头减少污染物排放量,降低水环境压力。

加强城镇污水处理设施建设,包括城镇集中污水处理厂建设、排污管网改造、入河排污口整治和严格控制设置排污口等,还需大力研究、开发和推广农村生活污水处理技术。

(3)生态环境保护措施。

实行封山育林,尽快恢复规划影响区域的植被,严格执行森林法相关规定,并教育群众爱护森林,禁止乱砍滥伐。对于库区有野生动物出没的地方,应严禁砍伐,并加强造林工作,实现森林植被类型多样化,为动物生存与繁衍提供有利栖息环境。同时,应严格执行国家野生动物保护法,严格控制猎捕活动。

规划项目实施过程中,我们应严格遵守《中华人民共和国水土保持法》的规定,编制建设项目水土保持方案报告书,采取临时性、工程性和植物性等多种措施,以防治工程建设过程中产生的水土流失问题。

针对规划工程实施带来的生态环境影响,应采取相应的生态修复补偿措施,恢复受损生态系统的功能,减轻规划实施对区域生态环境造成的不利影响。

11.5 评价结论与建议

11.5.1 结论

本次规划包含灌溉、供水、防洪、水资源保护等多个方面,规划的实施将对有效开发、利用和保护水资源、保障城乡供水安全、提高防洪能力、改善地区生态环境和生产、生活条件等方面发挥重要作用,对促进弥勒市经济社会可持续发展具有重要战略意义。

规划实施后,由于改变了流域水资源的时空分布,水文情势将发生较大变化,加上工程施工、水库淹没等诸多因素,将给生态带来一定影响。然而,由于规划中的工程规模均不大,淹没人口及耕地的数量较少,规划方案对环境的影响将在区域环境容量允许的范围之内。

总的来说,本次规划将带来显著的有利影响,规划实施后将给当地带来较大的经济效益、社会效益和生态效益。在采取严格的环保措施的前提下,规划对各方面的影响均在环境容量的允许范围内,没有影响规划实施的重要环境制约因素。因此,从环境保护的角度考虑,本规划方案是合理且可行的。

11.5.2 建议

(1)规划实施后将给当地带来较大的经济效益、社会效益和生态效益,规划带来的效益远大于对环境的不利影响,建议尽快实施。

　　(2)规划实施过程中应重视对局部生态环境的保护,尽可能减少对植被的破坏。因工程施工造成的植被破坏,施工结束后应及时对其进行恢复。

　　(3)蓄水工程设计和施工阶段,应充分考虑下游生态的需求,预留下泄生态基流的设施。运行阶段应合理调度,保证下泄流量不低于生态基流,以满足坝下生态的需水要求,避免出现脱水河段。

　　(4)建议经济社会发展布局与本规划相协调,进一步加强工业园区布局与河流生态保护之间的协调性分析。在未来时期,适当增加工业企业的分布,减轻上游河流纳污压力。

12 流域综合管理

12.1 管理目标

基本完成全市水务一体化改革,实现涉水事务的协调、统一管理;建立流域与区域相协调的规划体系;建立高效的跨部门、跨地区的协商合作机制;基本实现水质、水量和水生态与环境信息的联合监测与采集;完善流域跨界水事纠纷协调处理机制和突发公共涉水事件应急管理机制以及实现水利现代化。

12.2 水利管理体制

12.2.1 建立有效的跨部门协商合作机制

成立一个由全市水利、发改委、环保、交通、农业、林业、国土等单位和部门参加的协商合作机制,通过制定协商机构的合作议事章程,设定协商机构的基本原则、方式、程序、决策机制、执行反馈机制以及惩罚机制。该机制的主要目的是协商解决流域内一些因现行法律规定不明确,或不可能在短期内完全由法律、法规明确管理方式的公共事务,使水行政管理决策更科学、更民主。

行政管理部门应探索建立更加高效的协调和沟通机制,加强协商与协调,制定跨界水事纠纷调处应急预案,建立应急信息共享和快速处置机制,增强工作的预见性和针对性。研究建立预防和调处跨界水事矛盾的长效机制,明确属地为主、条块结合、政府负责、部门配合、齐抓共管的水事纠纷调处机制,落实水事纠纷调处责任制。

12.2.2 建立和完善信息采集与共享机制

建立健全经济社会资料、水利水电工程建设与运行资料、部门和行业资料的适时采集制度。建立部门与部门之间、各县(区)之间信息交流与共享机制,提高信息和资料的完整性和可靠性。定期发布水资源公报,及时通告水质、水量、水环境等相关信息,公开有关的决策、管理信息和程序,增加公开性和透明度,以便相互之间的了解、沟通和监督,同时也为公众参加管理和监督提供必要条件。要加强法制宣传教育,积极引导群众依法表达利益诉求、解决利益矛盾,防止发生大规模群体性事件。

12.2.3 不断创新水利发展体制机制

加强辖区水利发展体制机制创新,完善水资源管理体制,健全基层水利服务体系,积极推进水价改革,建立水利投入稳定增长机制。

(1)完善水资源管理体制。强化城乡水资源统一管理,对城乡供水、水资源综合利用、水环境治理和防洪等实行统筹规划、协调实施,促进水资源优化配置。完善流域管理与区域管理相结合的水资源管理制度,建立事权清晰、分工明确、行为规范、运转协调的水资源管理工作机制。进一步完善水资源保护和水污染防治协调机制。

(2)健全基层水利服务体系。建立健全职能明确、布局合理、队伍精干、服务到位的基层水利服务体系,全面提高基层水利服务能力。以乡镇或小流域为单元,健全基层水利服务机构,强化水资源管理、防汛抗旱、农田水利建设、水利科技推广等公益性职能,按规定核定人员编制,经费纳入各县级财政预算。大力发展农民用水合作组织。

(3)积极推进水价改革。充分发挥水价的调节作用,兼顾效率和公平,大力促进节约用水和产业结构调整。工业和服务业用水要逐步实行超额累进加价制度,拉开高耗水行业与其他行业的水价差价。合理调整城市居民生活用水价格,稳步推行阶梯式水价制度。按照促进节约用水、降低农民水费支出、保障灌排工程良性运行的原则,推进农业水价综合改革。将对农业灌排工程运行管理费用进行财政适当补助,探索实行农民定额内用水享受优惠水价、超定额用水累进加价的办法。

(4)建立水利投入稳定增长机制。加大公共财政对水利的投入力度,多渠道筹集资金,发挥政府在水利建设中的主导作用,将水利作为公共财政投入的重点领域。保障从土地出让收益中提取 10% 用于农田水利建设,充分发挥新增建设用地土地有偿使用费等土地整治资金的综合效益。完善水资源有偿使用制度,合理调整水资源费征收标准,扩大征收范围,严格征收、使用和管理。广泛吸引社会资金投资水利。鼓励农民自力更生、艰苦奋斗,在统一规划基础上,按照多筹多补、多干多补原则,加大一事一议财政奖补力度,充分调动农民兴修农田水利的积极性。我们还需积极稳妥推进经营性水利项目进行市场融资,鼓励符合条件的项目通过直接、间接融资方式,拓宽水利投融资渠道,吸引社会资金参与水利建设。

12.2.4　加快水利工程建设与管理体制改革

区分水利工程性质,分类推进改革,健全良性运行机制。深化国有水利工程管理体制改革,落实好公益性、准公益性水管单位的基本支出和维修养护经费,妥善解决水管单位分流人员社会保障问题。深化小型水利工程产权制度改革,明确所有权和使用权,落实管护主体和责任。对公益性小型水利工程管护经费给予补助,探索社会化和专业化的多种水利工程管理模式。对非经营性政府投资项目,加快推行代建制。充分发挥市场机制在水利工程建设和运行中的作用,引导经营性水利工程积极走向市场,完善法人治理结构,实现自主经营、自负盈亏。

12.3　涉水管理

12.3.1　规划管理

建立和健全规划管理制度。研究提出规划体系构成,有计划、有重点地组织开展江河流域水资源综合利用规划、节约用水规划、水资源保护规划、水土保持规划等专业规划。应加强各上级规划之间的协调,建立以弥勒市江河流域综合规划为核心,专业规划和区域规划相配套的规划体系。建立科学的规划执行后评估体系和后评估管理制度,由地州市联合加强规划实施监督管理。

建立规划同意书制度,明确工作程序及要求。对在江河上新建、扩建及改建并调整原有功能的水工程,需要进行审查并签署意见。对于不符合流域综合规划的违法建设项目,提出处理意见,责令有关单位停止违法行为,采取相应补救措施。对形成重大社会危害的行为,给予相应的惩罚。

12.3.2　防汛管理

完善防汛抗旱行政首长负责制,加强流域各县(区)之间的信息共享,形成统一协调的防汛抗旱指挥网络。加强洪水的统一调度和管理,进一步明确各主要水库防汛行政责任人及其职责、各主要防洪水库防汛指挥调度权、汛期调度运用计划和防洪抢险应急预案。

建立健全洪水影响评价制度,强化非防洪建设项目编制洪水影响评价报告书制度、涉水建筑物工程建设的防洪影响论证以及涉水建筑物本身的防洪论证管理。

逐步建立洪水风险管理体系,启动洪水风险管理机制。编制各县(区)重要防洪区域防御超标准洪水以及突发性事件的应急预案,提出各级洪水的防御对策和切实可行的对策措施;编制重点区域洪水风险图,逐步建立防洪风险评价体系;建立洪灾分担、灾后补偿与灾后重建的机制;建立健全与洪水风险管理相适应的执法监督体系;通过各种形式进行洪水风险理论的宣传与教育,提高公众的洪水风险意识。

加快洪灾的监测与灾情预测能力建设,建设由信息采集系统、通信系统、计算机网络系统和决策支持系统组成的防汛指挥系统,实现对防洪工程信息、洪涝灾害信息采集、传输的规范化、标准化、数字化及对重点河段和重点防洪地区水雨情、工险情、灾情的实时或准实时监测和精确预报,为防洪调度决策和指挥抢险救灾提供科学依据。

建设山洪灾害预报预警系统。以防汛指挥系统为平台,初步建立由暴雨、洪水、地质灾害监测与预报子系统及预警信息发布子系统构成的山洪灾害预报预警系统。

12.3.3　抗旱管理

贯彻落实抗旱行政首长负责制,强化各部门、各乡镇之间的信息共享,建立抗旱指挥协商机制,形成统一协调的防汛抗旱指挥网络。各级防汛抗旱指挥机构负责指挥本行政区域内的抗旱工作,各级水行政主管部门负责日常抗旱工作的推进,其他相关部门按照各自职责,协同做好抗旱工作。人民政府应当建立和完善抗旱社会化服务机制,从人员、技术、资金投入等方面加强抗旱服务组织建设;积极引导、扶持单位和个人创办抗旱社会化服务组织,依法保护其合法权益。

组织编制抗旱预案,明确不同干旱等级的抗旱目标、任务、应急抗旱措施和实施方案,规定应急抗旱水源的管理、使用、调配原则,明确相关部门和单位的抗旱职责。各县(区)要加强节水管理,提高水利用效率,应在水利、气象等部门的协助下,建立和完善旱情信息采集和预警系统,确保及时采集、传递旱情信息,提高旱情预测预报水平,不断提高科学抗旱能力。

注重落实抗旱预案,依照抗旱水源实行统一调度和分级负责的原则,逐步建立流域水资源统一调度和管理系统,加强流域抗旱水源的统一协调利用,提高流域整体的抗旱水平。

12.3.4　水资源管理

严格执行用水总量控制和定额管理制度,制定年度水量分配方案和调度计划,以及特枯年份非常时期的供水计划和应急水量调度预案,明确各乡镇用水权限,以减少水事纠纷,促进节约用水。

强化严格的取水许可审批制度。加强建设项目的取水许可监督管理,进一步明确审批权限,规范取水许可预申请、取水许可申请、取水登记、取水监督管理等行为,开展违规开工项目的执法监督;拓展水资源论证范围,对县内规划实行水资源论证制度;建立取水许可总量控制指标,在取水许可和水资源论证管理中,严格遵循各类功能区划管理目标要求,水资源开发利用必须严格限制在各项控制性指标标准范围内。

完善水资源有偿使用制度,健全水资源费征收和使用制度。建立水资源费定价机制,加快推进阶梯式水价制度和超额收费计划,超定额用水加价收费方式,实行"超用加价,节约有奖,转让有偿"的奖惩机制,促进完善包括阶梯式水价、两部制水价、季节性水价在内的水价体系。

建立取水监督与统计制度。建立主要取水口水量计量设施,推动工业、农业用水取水计量设施的普及,逐步实现水量自动监控,为规范取水监督管理创造条件;建立区域取水情况、工程情况等资料的统计、上报制度,做好各行业的用水量、用水效率和效益的统计工作;规范用水资料统计并逐级上报的内容和程序;建立流域计量监督与统计信息管理系统,提高水资源管理效率。

12.3.5　水利工程建设管理

科学规划建设行为。为统筹考虑河流水利资源开发与防洪、用水、生态和保护等关系,科学有序可持续利用水资源,维护河流健康生命,要加强规划的实施,促进水资源合理开发利用,并实行分级管理,以规划引导水资源合理开发利用,严禁无规划的盲目开发建设。

严格实行建设项目前期技术审查和行政审批制度,各种水利工程建设项目必须严格执行建设项目前期审批手续。

坚持项目开工报告审批和严格执行工程验收制度。项目具备开工条件后,由项目法人提出开工申请报告,经有审批权的水行政主管部门审批后,方可正式开工。按照《水利工程建设项目验收管理规定》和《水利水电建设工程验收规程》的要求,水利工程建设严格执行验收制度。

加强工程建设质量管理和市场监管。在水利工程建设过程中,全面落实项目法人责任制、招投标制、监理制。全面落实由项目法人负责、监理单位控制、施工单位保证、政府部门监督的质量管理体系。在市场监管方面,依法贯彻和执行建筑市场准入和清出制度,规范设备市场准入,充分发挥行业协会和群众监督作用,形成法律规范、政府监管、行业自律、舆论监督、群众参与的市场监管体系。

加强工程建设安全生产管理和监督。建立和实施各种安全检查制度,以有效预防工程安全隐患带来的危害。要求项目法人切实加强施工期水利工程安全管理,水利部门加强对水工程安全的督促检查力度,对安全隐患采取措施处理。落实安全责任制,明确各种法律责任。

12.3.6　水利工程运行管理

划定工程管理范围和保护范围至关重要,根据国家、省市的有关管理规定,《堤防工程管理设计规范》《水库工程管理设计规范》及其他工程设计规程、规范的规定,结合流域城镇总体规划、土地利用规划等,合理划定控制岸线与岸线功能区。针对具体工程划定水利工程的管理范围和保护范围,由县级人民政府及有关部门确权发证。按水法规的有关规定,工程实施后所得的新增土地,由水库、堤等管理机构或水行政主管部门统一管理使用。

在工程管理范围内,禁止建设碍洪建筑物、构筑物及倾倒垃圾、渣土。在水利工程设施保护范围内,禁止打井、爆破、采石、取土等危害水利工程安全的活动。

进一步落实水管体制改革,促进水管单位的可持续发展。在完成水管体制改革验收的基础上,进一步落实水管体制改革方案,包括管理人员基本支出、工程维修养护经费的落实,管养分离的实施,建立合理的水价形成机制,严格定岗定编,加强能力建设等。

完善管理设施,提高现代化管理水平。水利工程管理单位应适时制定管理现代化发展规划和实施计划,提高管理工作科技含量,提高管理水平,积极推进管理现代化和信息化建设。逐步完善管理设施,为规范管理、提高现代化管理水平打下良好的硬件基础。

12.3.7　水资源保护管理

全面实行河长制,由党政主要负责人担任河长,负责辖区内河流的污染治理。划定流域江河水功能区划,建立水功能区划管理制度,明确水功能区管理的责权,明确控制断面水质控制目标,落实断面水质的考核主体。建立水功能区管理信息系统,提高水功能区分级管理的现代化水平,加强对水功能区的水质监测,实行水功能区信息公布制度,促进水资源保护工作的开展。

加强入河排污监督管理,实行入河排污总量控制,建立不同部门参与的协作机制,通过多部门协作,加大水污染治理力度,减少废污水的排放量。建立入河排污口登记、审批和监督制度,将主要水功能区限排总量分解到入河排污口,加强入河排污口的监督管理,新建、改建、扩建入河排污口要进行严格论证。制定《入河排污口登记和许可审批办法》和《入河排污口监督管理办法》,规范入河排污口审批程序。加强市区内重点排污口的水质监测设施和监测网络建设。

加强供水水源地管理,提高突发性水污染事件应急反应能力,需要加强饮用水源地的保护和监督工作。设立一、二级保护区界碑并设告示碑,加快城镇排水系统雨污分流的改造,建立入境水质、供水水质和重点排污口水质监控和预警系统,制定水质应急方案,保障居民饮用水安全。要明确水污染事件的权责范围和现场指挥系统,建立健全水污染事件的责任制度。提高水污染事件的快速反应能力,完善预警机制,为水污染事件的处置提供强大的支持。

12.3.8　河道管理

完善河道管理范围内建设项目管理制度。河道治理应当服从流域综合规划,维护堤防安全,符合国家规定的防洪标准和其他相关技术标准的要求,并保持河势稳定和行洪、航运畅通。要严把河道管理范围内建设项目的审批关,对于跨河、穿河、拦河、穿堤、临河等涉河建设项目,必须进行防洪影响评价分析。编制水土保持方案,取水工程还必须进行水资源论证,可行性研究报告须取得规划同意书,避免未批先建等违规行为。

12.4　管理基础能力建设

加强监测能力建设,逐步开展三防指挥系统、水资源实时监控系统、排污实时监控系统、水利工程监控系统的建设,实现水务信息化管理。要加强水文站网建设,改进信息服务技术和手段,提高水文预测预报预警能力,建成完善的水利信息化基础设施和应用体系,以水利信息化带动水利现代化。要建设覆盖各县(区)的水利电子政务体系,加强不同县(区)的信息交流,不断提高水利网站的影响力,提升水利科技和信息化水平。

推进人才队伍建设。加强专业技术人员的引进,结合重大项目培养人才;加强在岗干部职工培训和教育,加强技术合作与交流;完善人才队伍选拔任用、考核、培训、交流及任期管理等制度,建立奖惩、激励和监督管理机制,逐步形成创新型专业人才队伍。

13 规 划 实 施

13.1 实施意见

在全面推进节水型社会建设的基础上,加强水污染治理,合理安排工程建设,以满足用水增长的需求。"十三五"期间完成区域内全部病险水库的除险加固;完成洗洒水库扩建及中型灌区续建配套与节水改造,以建设百万亩高原特色农业示范区为重点;新建龙泉、可乐等 2 处中型灌区,确保农业用水安全;完成弥阳灌区骨干水库连通工程;新建小宿衣、老悟懂等 6 座小(一)型水库,初步形成骨干水库水资源调配体系。

为保障 2030 年区域用水安全,计划在 2020—2030 年期间完成建设可乐水库等中型水库及一批小(一)、小(二)型水库,并继续推进节水型社会建设进程,提高污水处理率,形成完善的水资源调配体系,确保生活、生产、生态用水安全。

13.2 实施效果评价

13.2.1 综合评价

规划实施后,可提高水资源利用效率,促进节水型社会建设;可提高城乡饮水安全和水生态环境安全的保障程度,降低特殊干旱情况下的供水风险;可提高流域水资源与水环境承载能力,改善河湖的生态环境,促进人水和谐发展和经济社会的可持续发展,将为经济、社会和生态等领域带来十分显著的综合效益。

通过建设一批节水工程、水源调蓄工程和引调水与连通工程等,逐步形成"西拓东进南北联动"的水资源总体配置格局。地表水与地下水、河道外与河道内、区域之间的水资源配置状况将得到较大改善;区域的水资源配置能力将显著提高,有效解决经济社会发展对水资源的合理需求,使生活、工业生产用水保证率达 95%,生态用水保证率达 90%,农业用水保证率达 80%;竹园镇、朋普镇等坝区及东山镇、五山乡两侧山区等重点区域的缺水问题将基本得到解决。通过水资源的优化配置,河道内生态环境用水状况得以改善,水资源利用将走上可持续之路,促进经济社会的可持续发展。

13.2.2 社会效益

规划以水资源可持续利用支撑经济社会可持续发展为主线,通过采取合理抑制需求、有效增加供水、积极保护生态环境等各项措施,旨在保障未来经济社会持续稳定发展对水资源的需求,促进社会又好又快发展。预计到 2030 年,弥勒市生产总值将达到 1000 亿元以上,人均 GDP 达到 15 万元。规划安排总供水量 3.36 亿 m^3,可保障经济社会快速发展的供水安全。

规划实施后,将带来以下好处:可显著提高城乡饮水安全保障程度;可提高人民群众生活用水标准和生活水平;显著提高粮食安全和城镇供水安全保障程度;改善城乡生活环境;可促进区域经济发展和促进区域和城乡协调发展。

13.2.3　生态效益

通过实施节约用水、加大污水处理力度、提高污水处理回用率、强化河湖污染治理与控制以及生态修复等措施,可有效降低点源和非点源排入河湖的污染物总量,逐步恢复江河湖库的水体功能,改善河湖和地下水生态环境。规划遵循人水和谐的理念,以水资源承载能力为依据,约束用水行为,保障河流生态环境用水和河道外环境需水的要求。

规划实施后,江河湖库的水质将达到水功能区设定的水质目标;河道内、河道外环境需水保障程度大大提升,河道内生态环境需水保证率基本达到90%。这一规划较好地解决了水资源开发利用与生态环境的矛盾问题,水环境与水生态状况以及城乡人居环境将得到显著改善,将呈现人水和谐、人与环境友好共生的局面。

13.3　保障措施

(1)加强管理,积极推进规划实施。

水资源综合规划对区域内水资源开发、利用、节约、保护和防治水害进行了总体部署,是开展水害防治、水资源开发利用以及生态与环境保护的重要文件,是政府加强水资源社会管理和公共服务的重要依据。因此,市委、市政府应高度重视,采取切实可行的保障措施,把规划确定的各项水利公益性建设项目的发展目标和水害防治任务纳入国民经济和社会发展规划之中,列入政府重要议事日程,建立相应的组织责任体系和协调机制,明确各部门职责分工,切实落实规划任务。市政府应积极组织有关部门、单位,动员社会力量,筹集资金,有计划地进行河流的综合开发、治理和保护,共同努力推动弥勒市水利事业的发展,以满足社会经济可持续发展的要求。

(2)积极筹措资金,保障各项规划的顺利实施。

弥勒市水资源紧缺,水利设施对经济社会发展的保障能力严重不足。根据弥勒市水资源综合规划,需要实施的建设项目多、投资规模大。在推进各项工作的同时,市委、市政府应努力争取国家资金投入,以及云南省和红河州的政策支持和配套资金,加大基础设施建设力度,保证各项规划项目的顺利实施。

按中央、地方、社会共同分担的原则,构建多元化、多渠道、多层次的投资体系。在积极争取财政拨款的同时,充分利用贷款、外资,加大社会融资力度,建立多渠道集资的投入机制。对于非经营性公益项目,应以政府财政性投入为主;对于准经营性项目以及需要扶持的经营性项目,可分别采取适当投入财政性资金加以引导,或者实施税收优惠政策、提供贴息贷款,开展社会招商等措施,充分调动各方面投资参与的积极性。

(3)加强项目前期工作与项目管理。

做好重点工程项目可行性研究,实施方案编制、审查、复核、评估工作;优先做好灌区前期基础工作以及中小河流整治前期工作;加强对规划执行情况的监督、检查和评估工作,确保规划目标实现和各项措施落实。

(4)强化依法管水,确保规划实施。

建立健全水资源开发、利用、保护与管理机制。有关部门应采取以下措施:依法应抓紧落实最严格水资源管理制度;建立统一领导、分级实施的管理工作机制;健全水政监察队伍,加强水政监察队伍的能力建设;加大执法力度,维护正常的水事秩序;完善执法责任制,逐步健全监督管理机制,确保规划顺利实施。

附　　录

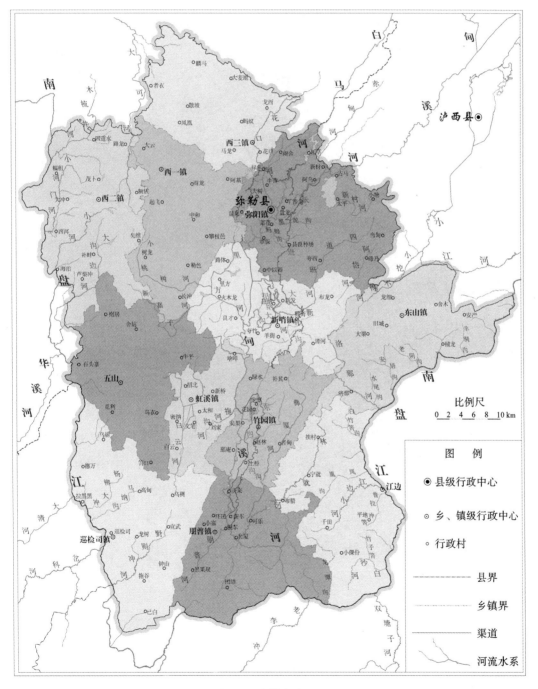

附图1　弥勒市水系图

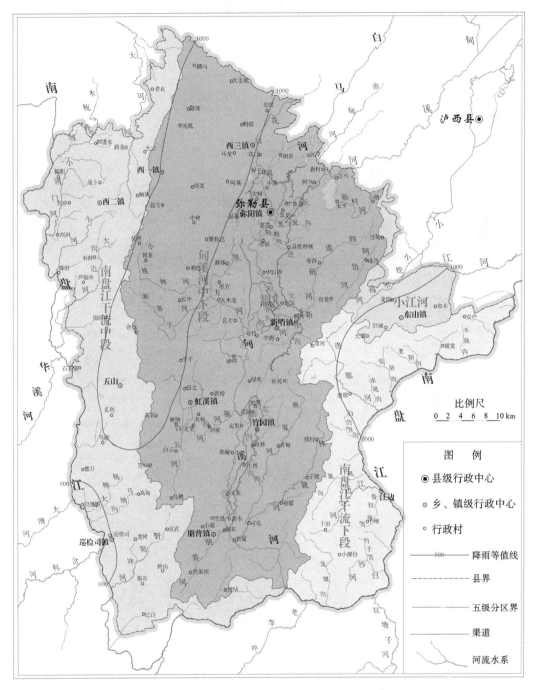

附图 2　弥勒市多年平均降水等值线图

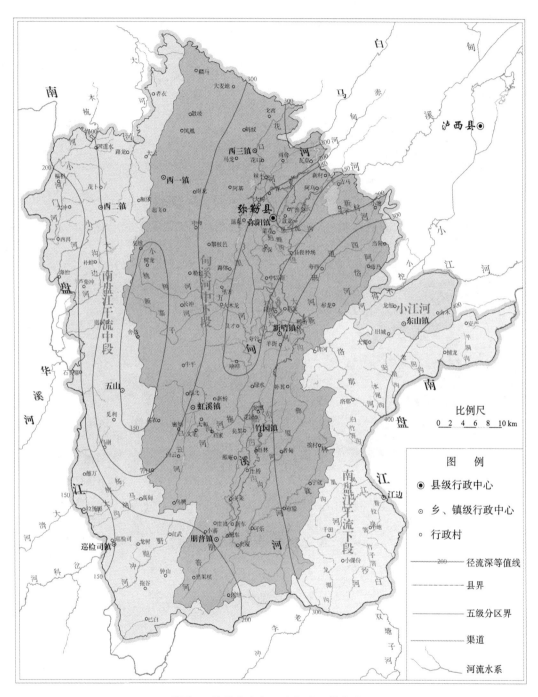

附图3　弥勒市多年平均径流深等值线图

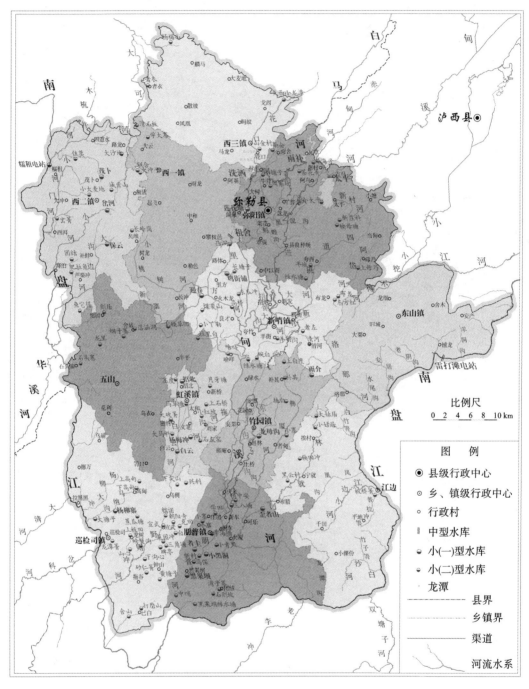

附图 4　弥勒市现状工程分布图

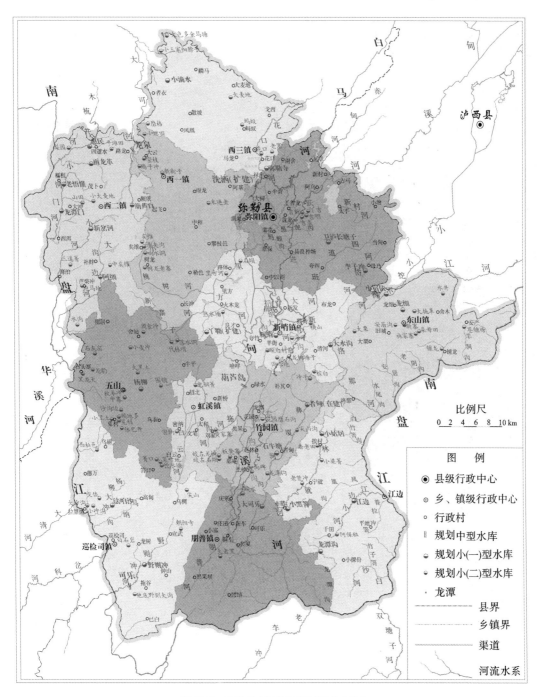

附图5　弥勒市规划水源工程分布图

图　例

◉ 县级行政中心
◎ 乡、镇级行政中心
○ 行政村
▯ 规划中型水库
◖ 规划小(一)型水库
◣ 规划小(二)型水库
· 龙潭

分界线 县界
乡镇界
渠道
河流水系

比例尺
0 2 4 6 8 10km

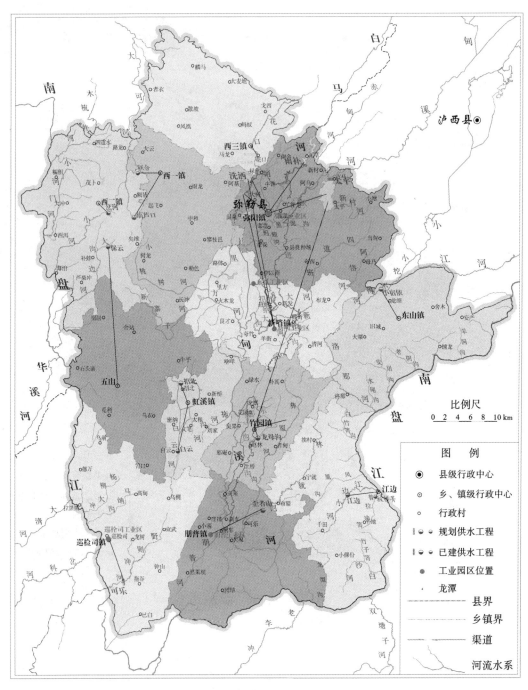

附图6 弥勒市供水布局图

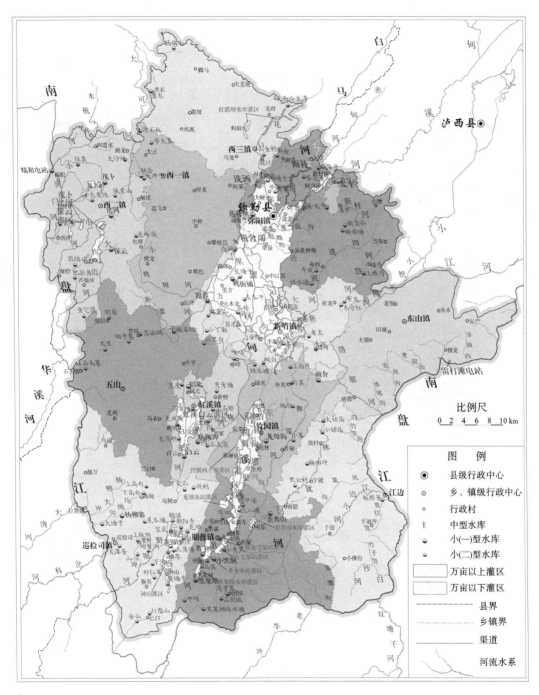

附图7 弥勒市现状灌区示意图

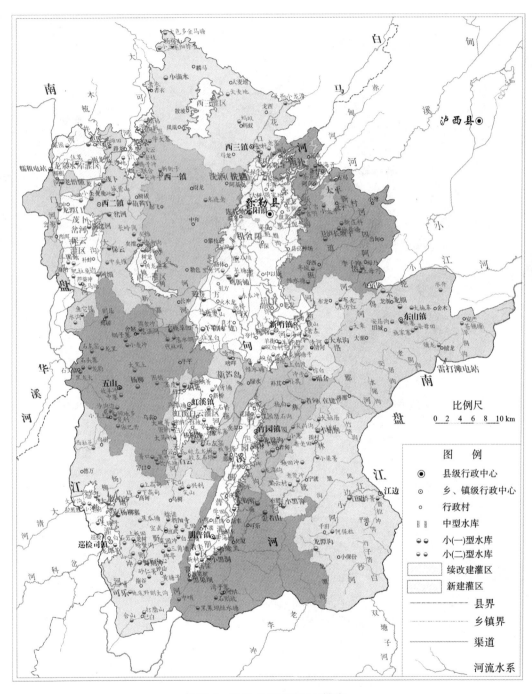

附图8 弥勒市规划灌区示意图

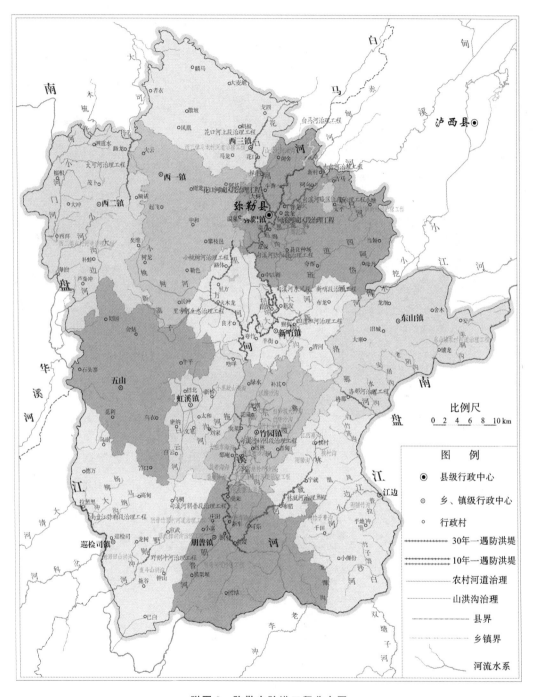

附图 9　弥勒市防洪工程分布图

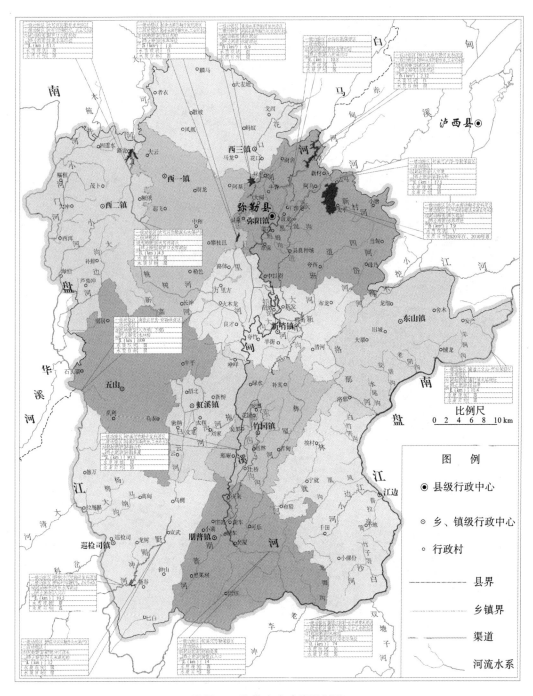

附图 10　弥勒市水功能区划图

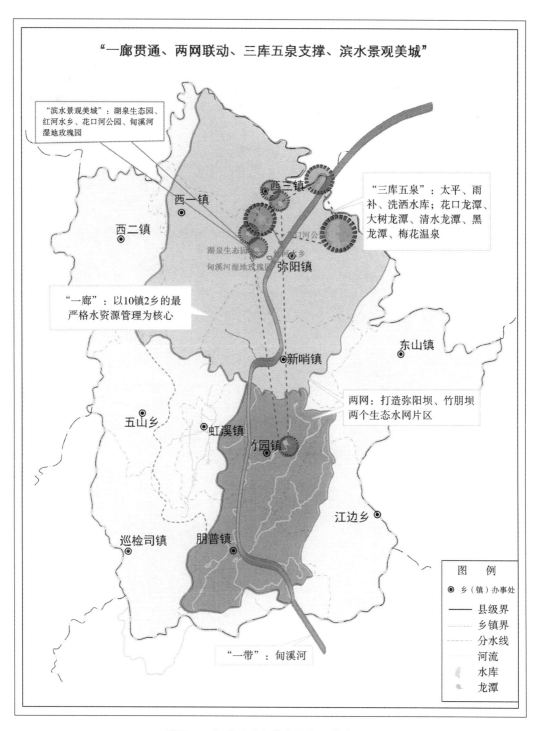

"一廊贯通、两网联动、三库五泉支撑、滨水景观美城"

"滨水景观美城"：湖泉生态园、红河水乡、花口河公园、甸溪河湿地玫瑰园

"三库五泉"：太平、雨补、洗洒水库；花口龙潭、大树龙潭、清水龙潭、黑龙潭、梅花温泉

西三镇

西一镇

西二镇

湖泉生态园
甸溪河湿地玫瑰园

弥阳镇

"一廊"：以10镇2乡的最严格水资源管理为核心

东山镇

新哨镇

两网：打造弥阳坝、竹朋坝两个生态水网片区

五山乡

虹溪镇

竹园镇

江边乡

巡检司镇

朋普镇

"一带"：甸溪河

图　例

◎ 乡（镇）办事处
—— 县级界
‧‧‧‧ 乡镇界
－‧－ 分水线
河流
水库
龙潭

附图 11　河流生态保护与修复总体布局图